园林景观设计与实践应用研究

李保福　孙忠波　张　艳◎著

吉林科学技术出版社

图书在版编目（CIP）数据

园林景观设计与实践应用研究 / 李保福，孙忠波，张艳著. -- 长春 : 吉林科学技术出版社，2023.3
ISBN 978-7-5744-0273-7

Ⅰ. ①园… Ⅱ. ①李… ②孙… ③张… Ⅲ. ①园林设计一景观设计 Ⅳ. ①TU986.2

中国国家版本馆CIP数据核字(2023)第065278号

园林景观设计与实践应用研究

作　　者　李保福　孙忠波　张　艳
出 版 人　宛　霞
责任编辑　管思梦
幅面尺寸　185mm×260mm
开　　本　16
字　　数　287千字
印　　张　12.75
版　　次　2023年3月第1版
印　　次　2023年3月第1次印刷

出　　版　吉林科学技术出版社
发　　行　吉林科学技术出版社
地　　址　长春市净月区福祉大路5788号
邮　　编　130118
发行部电话/传真　0431-81629529　81629530　81629531
　　　　　　　　81629532　81629533　81629534
储运部电话　0431-86059116
编辑部电话　0431-81629518
印　　刷　北京四海锦诚印刷技术有限公司

书　　号　ISBN 978-7-5744-0273-7
定　　价　75.00元

前言

随着社会的发展以及城市化进程的不断加快，人口、资源与环境问题逐渐成为21世纪人类共同面临且亟待解决的重大课题。“风景园林”作为生态环境和人文环境建设的必不可缺的行业，担负着自然环境和人工环境建设与发展、提高人类生活质量、传承和弘扬中华民族优秀传统文化的使命，承担着维系人类生态系统的重任。科学合理地进行园林景观设计，是提升园林绿地的生态效能、改善人居环境质量、营造高品质空间景观的重要手段和基本保障，也是实现人与自然和谐共存、解决与缓解生态环境问题、促进城市可持续发展的正确选择和必由之路。

现代园林景观对人们身心健康的影响日趋重要，它是一种能够反映社会进步程度、市民生活水平及消费水平、城市面貌等各种特点的艺术门类。随着城市建设的发展，人们越来越重视环境，特别是环境的美化，园林建设已成为城市美化的一个重要组成部分。园林不仅在城市的景观方面发挥着重要功能，而且在生态和休闲方面也发挥着重要功能。城市园林的建设越来越受到人们重视，许多城市提出了要建设国际花园城市和生态园林城市的目标，加强了新城区的园林规划和老城区的绿地改造，促进了园林行业的蓬勃发展。与此相应，社会对园林类专业人才的需求也日益增加，特别是那些既懂得园林规划设计，又懂得园林工程施工，还能进行绿地养护的多面手成为园林行业的紧俏人才。

本书从园林景观设计的基本理论入手，对园林景观构建中的主要设计元素进行了深入的分析和研究，主要包括景观种植设计、建筑小品设计、园路场地设计、水景设计，以及不同类型的园林景观设计实践应用。本书可作为高等院校设计艺术类专业教材，适合景观设计、环境艺术设计等专业学生使用，也可供园林景观设计从业人员参阅。

由于园林设计具有系统庞大、内容繁杂、涉及面广泛等特点，加之作者水平所限，不当或疏漏之处在所难免，诚盼广大读者批评指正。

目　录

第一章　园林景观设计

随着社会经济发展和城市建设的不断推进，人们生活水平不断提高，同时，也在不断地追求生存环境的质量。因此，城市街道、广场绿地等公共绿地，各单位附属绿地、公园、居住区绿地等各类园林景观已成为城市规划设计和建设中不可缺少的重要组成部分。

第一节　园林景观设计概述

一、园林的形成背景

园林是在一定自然条件和人文条件综合作用下形成的优美的景观艺术作品，而自然条件复杂多样，人文条件更是千姿百态。如果我们剖开各种独特的现象而从共性视角来看，园林的形成离不开大自然的造化、社会历史的发展和人们的精神需要三大背景。

（一）自然造化

伟大的自然具有移山填海之力，鬼斧神工之技，既为人类提供了花草树木、鱼虫鸟兽等多姿多彩的造园材料，又为人类创造了山林、河湖、峰峦、深谷、瀑布、温泉等壮丽秀美的景观，具有很高的观赏价值和艺术魅力，这就是所谓的自然美。自然美是不同国家、不同民族的园林艺术共同追求的东西，每个优秀的民族似乎都经过自然崇拜—自然模拟与利用—自然超越三个阶段，到达自然超越阶段时，具有本民族特色的园林也就完全形成了。

然而，各民族对自然美或自然造化的认识存在较显著的差异。西方传统观点认为：自然本身只是一种素材，只有借助艺术家的加工提炼，才能达到美的境界，而离开了艺术家的努力，自然不会成为艺术品，亦不能最大限度地展示其魅力。因此，笔者认为整形灌木、修剪树木、几何式花坛等经过人工处理的“自然”，与真正的自然本身比较，是美的提炼和升华。

中国传统观点认为，自然本身就是美的化身，构成自然美的各个因子都是美的天使，如花木、虫鱼等是不能加以改变的，否则就破坏了天然、淳朴和野趣。但是，中国人尤其是中国文人观察自然因子或自然风景往往融入个人情怀，借物喻心，把抒写自然美的园林变成挥洒个人情感的园地。所以，中国园林讲究源于自然而高于自然，反映一种对自然美的高度凝练和概括，把人的情愫与自然美有机融合，以达到诗情画意的境界。而英国风景园林的形成也离不开英国人对自然造化的独特欣赏视角。他们认为大自然的造化美无与伦比，园林愈接近自然则愈达到真美境界。因此，刻意模仿自然、表现自然、再现自然、回归自然，然后使人从自然的琅嬛妙境中油然而生发万般情感。

可见，不同地域、不同民族的园林各以不同的方式利用着自然造化。自然造化形成的自然因子和自然物为园林形成提供了得天独厚的条件。

（二）社会历史发展

园林的出现是社会财富积累的反映，也是社会文明的标志。它必然与社会历史发展的一定阶段相联系；同时，社会历史的变迁也会促使园林种类的新陈代谢，推动新型园林的诞生。人类社会初期，人们主要以采集、渔猎为生，经常受到寒冷、饥饿、禽兽、疾病的威胁，生产力十分低下，当然不可能产生园林。直到原始农业出现，开始有了村落，附近有种植蔬菜、果园的园圃，有圈养驯化野兽的场所，虽然是以食用和祭祀为目的，但客观上具有观赏的价值，因此开始产生了原始的园林，如中国的苑囿、古巴比伦的猎苑等。

生产力进一步发展以后，财富不断地积累，出现了城市和集镇，又随着建筑技术、植物栽培、动物繁育技术，以及文化艺术等人文条件的发展，园林经历了由萌芽到形成的漫长的历史演变阶段，在长期发展中逐步形成了各种时代风格、民族风格和地域风格。如古埃及园林、古希腊园林、古巴比伦园林、古波斯园林等。

后来，又随着社会的动荡，野蛮民族的入侵，文化的变迁，宗教改革，思想的解放等社会历史的发展变化，各个民族和地域的园林类型、风格也随之变化。就以欧洲园林为例，中世纪之前，曾经流行过古希腊园林、古罗马园林；中世纪 1300 多年风行哥特式寺院庭园和城堡园林；文艺复兴开始，意大利台地园林流行；宗教改革之后法国古典主义园林勃兴，而资产阶级革命的成功加速了英国自然风景式园林的发展。这一事实表明，园林是时代发展的标志，是社会文明的标志。同时，随着社会历史的变迁而变迁，随着社会文明进步而发展。

（三）人们的精神需要

园林的形成又离不开人们的精神追求，这种精神追求来自神话仙境，来自宗教信仰，来自文艺浪漫，来自对现实田园生活的回归。

中外文学艺术中的诗歌、故事、绘画等是人们抒怀的重要方式，它们与神话传说相结合，以广阔的空间和纵深的时代为舞台，使文人的艺术想象力得到淋漓尽致的挥洒。文学艺术创造的“乐园”对现实园林的形成有重要的启迪意义；同时，文学艺术的创作方法，无论是对美的追求和人生哲理的揭示，还是对园林设计、艺术装饰和园林意境的深化等，都有极高的参考价值。古今中外描绘田园风光的诗歌和风景画，对自然风景园林的勃兴曾经起到积极的作用。城市是人类文明的产物，也是人类依据自然规律，利用自然物质创造的一种人工环境，或曰“人造自然”。如果人们长期生活在城市中，就越来越和大自然环境疏远，从而可能在心理上出现抑郁症，这时就希望寻求与大自然直接接触的机会，如踏青、散步等，或者以兴造园林作为一种间接补偿方式，满足精神需要。

园林还可以看作是人们为摆脱日常烦恼与失望的产物，当现实社会充满矛盾和痛苦，难以使人的精神得到满足时，人们便沉醉于园林所构成的理想生活环境中。田园生活就是人们躲避现实、放浪形骸的最佳场所。古罗马诗人维吉尔（Virgil，前70—前19）就曾竭力讴歌田园生活，推动了古罗马时代乡村别墅的流行；我国秦汉时期隐士多喜欢田园育蔬垂钓，使得魏晋时期归隐庄园成为时尚。

二、园林性质与功能

（一）园林性质

园林性质有自然属性和社会属性之分。从社会属性来看，古代园林是皇室贵族和高级僧侣们的奢侈品，是供少数富裕阶层游憩、享乐的花园或别墅庭园，唯有古希腊由于民主思想发达，不仅统治者、贵族有庭园，也出现过民众可享用的公共园林。近、现代园林是由政府主管的充分满足社会全体居民游憩、娱乐需要的公共场所。园林的社会属性从私有性质到公有性质的转化，从为少数贵族享乐到为全体社会公众服务的转变，必然影响到园林的表现形式、风格特点和功能等方面的变革。

从自然属性来看，无论古今中外，园林都是表现美、创造美、实现美、追求美的景观艺术环境。园林中浓郁的林冠、鲜艳的花朵、明媚的水体、动人的鸣禽、峻秀的山石、优美的建筑及栩栩如生的雕像艺术等，都是令人赏心悦目、流连忘返的艺术景观。园因景胜，景以园异。虽然各园的景观千差万别，但是都改变不了美的本质。

然而，由于自然条件和文化艺术的不同，各民族对园林美的认识有很大差异。欧洲古典园林以规则、整齐、有序的景观为美；英国自然风景式园林以原始、淳朴、逼真的自然景观为美；而中国园林追求自然山水与精神艺术美的和谐统一，使园林具有诗情画意之美。

（二）园林的功能

园林最初的功能和园林的起源密切相关。中国早期的园林“囿”，古埃及、古巴比伦时代的猎苑，都保留有人类采集渔猎时期的狩猎方式；当农业逐渐繁荣以后，中国秦汉宫苑、魏晋庄园和古希腊庭园、古波斯花园，除游憩、娱乐之外，仍然保留有蔬菜、果树等经济植物的经营方式；另外，田猎在古代的宫苑中一直风行不辍。随着人类文化的日益丰富，自然生态环境变迁和园林社会属性的变革，园林类型越来越多，功能亦不断消长变化。

回顾古今中外的园林类型，其功能主要有以下几点：

1. 狩猎（或称围猎）

主要是在郊野的皇室宫苑进行，供皇室成员观赏，兼有训练禁军的目的；此外，还在贵族的庄园或山林进行。随着近、现代生态环境变化、保护野生动物意识增强，园林狩猎功能逐渐消失，仅在澳大利亚、新西兰的某些森林公园尚存田猎活动。

2. 游玩（或称游戏）

任何园林都有这一功能。中国人称为“游山玩水”，实际上与游览山水园林分不开；欧洲园林中的迷园，更是专门的游戏场所。

3. 观赏

对园林及其内部各景区、景点进行观览和欣赏，有静观与动观之分。静观是在一个景点（往往是制高点，或全园中心）观赏全园或部分景区；动观是一边游动一边观赏园景，无论是步行还是乘交通工具游园，都有时移景异、物换星移之感。另外，因观赏者的角度不同，会产生不同的感受，正所谓“横看成岭侧成峰，远近高低各不同”。

4. 休憩

古代园林中往往设有供园主、宾朋居住或休息的地方；近、现代园林一般结合宾馆等设施，以接纳更多的游客，满足游人驻园游憩的需求。

5. 祭祀

古代的陵园、庙园或众神祇的纪念园皆供人祭祀；近、现代这些园林则具有凭吊、怀古、爱国教育、纪念观瞻等功能。

6. 集会、演说

古希腊时期在神庙园林周围，人们聚集在一起举行发表政见、演说等活动。资产阶级革命胜利后，过去皇室的贵族园林收为国有，向公众开放，园林一时游人云集，人们在此议论国事、发表演说。所以，后来有的欧洲公园专辟一角，供人们集会、演说。

7. 文体娱乐

古代园林就有很多娱乐项目，在中国有棋琴书画、龙舟竞渡、蹴鞠，甚至斗鸡走狗等活动；欧洲有骑马、射箭、斗牛等。近、现代园林为了更好地为公众服务，增加了文艺、体育等大型的娱乐活动。

8. 饮食

在以人为本思想的指导下，近、现代园林为了方便游客，或吸引招徕游客，增加了饮食服务，进一步拓展了园林的服务功能。然而，提供饮食场所并不意味着到处可以摆摊设点，那些有碍观瞻、大煞风景的场所和园林的发展是背道而驰的。

（三）园林基本要素

1. 建筑

中国园林建筑的特点是建筑散布于园林之中，使它具有双重的作用。除满足居住休息或游乐等需要外，它与山池、花木共同组成园景的构图中心，创造了丰富变化的空间环境和建筑艺术。

园林建筑有着不同的功能用途和取景特点，种类繁多，有门楼、堂、斋、室、房、馆、楼、台、阁、亭、榭轩、廊等多种。它们都是一座座独立的建筑，都有自己多样的形式，甚至本身就是一组组建筑构成的庭院，各有用处，各得其所。园景可以入室、进院、临窗、靠墙，可以在厅前、房后、楼侧、亭下，建筑与园林相互穿插、交融，你中有我，我中有你，不可分离。在欧洲园林和伊斯兰园林体系中，园林建筑往往作为园景的构图中心，园林建筑密集高大，讲究对称，装饰豪华，建筑造型和风格因时代和民族的不同而变化较大。

2. 山石

中国园林讲究无园不山，无山不石。早期利用天然山石，尔后注重人工掇山技艺。掇山是中国造园的独特传统。其形象构思是取材于大自然中的真山，如峰、岩、峦、洞、穴、涧、坡等，然而它是造园家再创造的“假山”。堆石为山，叠石为峰，垒土为岛，莫不模拟自然山石峰峦。峭立者取黄山之势，玲珑者取桂林之秀，使人有虽在小天地，如临大自然的感受。

3. 水体

园林无水则枯，得水则活。理水与建筑气机相承，使得水无尽意，山容水色，意境幽深，形断意连，使人有绵延不尽之感。中国山水园林，都离不开山，更不可无水。我国山水园中的理水手法和意境，无不来源于自然风景中的江湖、溪涧、瀑布，源于自然，而又高于自然。在园景的组织方面，多以湖池为中心，辅以溪涧、水谷、瀑布，再配以山石、花木和亭、阁、轩、榭等园林建筑，形成明净的水面、峭拔的山石，精巧的亭、台、廊、榭，复以浓郁的林木，使得虚实、明暗、形体、空间协调，给人以清澈、幽静、开朗的感觉，又以庭院与小景区构成疏密、开敞和封闭的对比，形成园林空间中一幅幅优美的画面。园林中偶有半亩水面，天光云影，碧波游鱼，荷花睡莲，无疑为园林艺术增添无限生机。欧洲园林中的人工水景丰富多样，而以各种水喷为胜。伊斯兰园林中往往在十字形道路交叉口上安排水池以象征天堂，四周再安排水体分别象征乳河、蜜河、酒河和水河。另外，伊斯兰园林中的涌泉和滴灌亦是颇有特色的水景。

4. 植物

园林植物是指凡根、茎、叶、花、果、种子的形态、色泽、气味等方面有一定欣赏价值的植物，又称观赏植物。中国素有“世界园林之母”的盛誉，观赏植物资源十分丰富。《诗经》曾记载了梅、兰草、海棠等众多花卉树木。数千年来，人们通过引种、嫁接等栽培技术培育了无数芬芳绚烂、争奇斗艳的名花芳草秀木，把一座座园林打扮得万紫千红，格外娇美。园林中的树木花草，既是构成园林的重要因素，也是组成园景的重要部分。树木花草不仅是组成园景的重要题材，而且往往园林中的“景”有不少都以植物命名。

我国历代文人、画家，常把植物人格化，并从植物的形象、姿态、明暗、色彩、音响、色香等进行直接联想、回味、探求、思索的广阔余地中，产生某种情绪和境界，趣味无穷。在欧洲园林和伊斯兰园林中，有些园林植物早期被当作神灵加以顶礼膜拜，后期往往要整形修剪，排行成队，植坛整理成各种几何图案或动物形状，妙趣横生，令人赏心悦目。园林中的建筑与山石，是形态固定不变的实体，水体则是整体不动、局部流动的景观。植物则是随季节而变、随年龄而异的有生命物。植物的四季变化与生长发育，不仅使园林建筑空间形象在春夏秋冬四季产生相应的变化，而且还可产生空间比例上的时间差异，使固定不变的静观建筑环境具有生动活泼、变化多样的季候感。此外，植物还可以起到协调建筑与周围环境的作用。

5. 动物

远古时代，人类祖先以渔猎为生，通过狩猎熟悉兽类的生活。进入农牧时代，人们驯养野兽，把一部分驯化为家畜，一部分圈养于山林中，供四季田猎和观赏，这便是最初的园林——囿，古巴比伦、埃及叫猎苑。秦汉以降，中国园林进入自然山水阶段，聆听虎啸猿啼，观赏鸟语花香，寄情于自然山水，是皇室贵族适情取乐的生活需要，也是文人士大夫追求的自然无为的仙境。欧洲中世纪的君主、贵族宫室和庄园中都会饲养许多珍禽异兽，阿拉伯国家中世纪宫室中亦圈养着大量动物。这些动物只是用来满足皇室贵族享乐或腐朽生活的宠物，一般平民是不能目睹的。直到资产阶级革命成功后，皇室和贵族曾经专有的动物开始为平民开放观赏，始有专门的动物观赏区。古代园林中都会饲养许多动物，直到近代园林兴起后，才把它们真正分开。

三、园林类型

（一）按构园方式区分

构园方式主要是园林规划方式，以此区分为规则式、自然式、混合式三种类型。

1. 规则式

规则式又称整形式、建筑式、几何式、对称式，整个园林及各景区景点皆表现出人为控制下的几何图案美。园林题材的配合在构图上呈几何体形式，在平面规划上多依据一个中轴线，在整体布局中为前后左右对称。园地划分时多采用几何形体，其园线、园路多采用直线形；广场、水池、花坛多采取几何形体；植物配置多采用对称式，株、行距明显均齐，花木整形修剪成一定图案，园内行道树整齐、端直、美观，有发达的林冠线。

2. 自然式

自然式园林题材的配合在平面规划或园地划分上随形而定，景以境出。园路多采用弯曲的弧线形；草地、水体等多采取起伏曲折的自然状貌；树木株距不等，栽植时丛、散、孤、片植并用，如同天然播种；蓄养鸟兽虫鱼以增加天然野趣。掇山理水顺乎自然法则，是一种全景式仿真自然或浓缩自然的构园方式。

3. 混合式

混合式是把规则式和自然式两种构园方式结合起来，扬长避短的造园方式。一般在园林的建筑物附近采用规则式，而在园林周围采用自然式。

（二）按园林的从属关系区分

按从属关系可以分为皇家园林、寺观园林、私家（贵族）园林、陵寝（寝庙）园林和公园等类型。

1. 皇家园林

皇家园林属于皇帝个人和皇室私有，中国古籍里称之苑、宫苑、苑囿、御苑等。中国古代的皇帝号称天子，奉天承运，代表上天来统治寰宇，其地位至高无上，是人间的最高统治者。严密的封建礼法和森严的等级制度构筑成一个统治权力的金字塔，皇帝居于这个金字塔的顶峰。因此，凡是与皇帝有关的建筑，诸如宫殿、坛庙乃至都城等，莫不利用其建筑形象和总体布局以显示皇家的气派和皇权的至高无上。

皇家园林尽管是模拟山水风景的，也要在不悖于风景式造园原则的情况下尽量显示皇家的气派；同时，又不断地向民间私家园林汲取造园艺术的养分，从而丰富皇家园林的内容，提高宫廷造园的艺术水平。再者，皇帝能够利用其政治上的特权和经济上的富厚财力，占据大片的土地营造园林，无论人工山水园或天然山水园，规模之大非私家园林可比拟。

世界其他各国每个朝代几乎都有皇家园林的建置，著名的有古埃及的宫苑园林、古罗马的宫苑园林、古巴比伦的空中花园、法国的凡尔赛宫苑、英国的宫室花园等。它们不仅是庞大的艺术创作，也是一项耗资甚巨的土木工事。因此，皇家园林数量的多寡、规模的大小，也在一定程度上反映了一个王朝国力的盛衰。

中国皇家园林有“大内御苑”“行宫御苑”和“离宫御苑”之分，外国皇家园林也有类似的制度。大内御苑建置在皇城或宫城之内，即是皇帝的宅园，个别的也有建置在皇城以外、都城以内的。行宫御苑和离宫御苑建置在都城的近郊、远郊的风景地带，前者供皇帝游憩或短期驻跸之用，后者则作为皇帝长期居住、处理朝政的地方，相当于一处与大内相联系着的政治中心。

此外，在皇帝巡察外地需要经常驻跸的地方，也视其驻跸时间的长短而建置离宫御苑或行宫御苑。通常把行宫御苑和离宫御苑统称为离宫别馆。

2. 寺观园林

寺观园林即各种附属园林，也包括内外的园林化环境。中国古代，重现实、尊人伦的儒家思想占据意识形态的主导地位。无论外来的佛教或本土成长的道教，群众的信仰始终未曾出现过像西方那样狂热、偏执。再者，皇帝君临天下，皇权是绝对尊严的权威，像古代西方那样震慑一切的神权，在中国相对于皇权而言始终居于次要的、从属的地位。从历史文献上记载的以及现存的寺观园林看来，除个别的特例之外，它们和私家园林几乎没有什么区别。

寺、观亦建置独立的小园林一如宅园的模式，也很讲究内部的绿化，多有以栽培名贵花木而闻名于世的。郊野的寺、观大多修建在风景优美的地带，周围向来不许伐木采薪，因而古木参天、绿树成荫，再以小桥流水或少许亭、榭做点缀，又形成寺、观外围的园林化环境。正因为这类寺观园林及其内外环境的雅致幽静，历来的文人名士都喜欢借住其中读书养性，帝王以之作为驻跸行宫的情况亦屡见不鲜。

在欧洲和伊斯兰世界，宗教神学盛行，且长期实行政教合一制度。因而反映在寺观园林中，从设计规划、布局、造园要素、指导思想到建筑壁画、装饰、雕刻等无不渗透着虔诚的信仰色彩，和中国寺观园林风格有较大差异。但是，为了表现天堂仙界的神秘景象，这些寺观通过修建形态各异的建筑、金碧辉煌的装饰、神圣而富有人性的造像，培育森林草地，栽植奇花异果，设置引水工程等措施，以增强园林的观赏性，诱使人们对天国乐园的憧憬。另外，有时通过选取远离人烟的山水环境或大面积的植树绿化，以创造寂寞山林，清净修持的宗教环境，尚有天然野趣。

3. 私家园林

私家园林属于官僚、贵族、文人、地主、富商所私有，中国古籍里面称之为园、墅、池馆、山池、山庄、别墅、别业等。私家园林亦包括皇亲国戚所属的园林。

中国的封建时代，“耕、读”为立国之根本。农民从事农耕生产，创造物质财富，读书的地主阶级知识分子掌握文化，一部分则成为文人。以此两者为主体的“耕、读”社区构成封建社会结构的基本单元。皇帝通过庞大的各级官僚机构，牢固地统治着疆域辽阔的封建大帝国。官僚、文人合流的士，居于“士、农、工、商”这个民间社会等级序列的首位。商人虽居末流，由于他们在繁荣城市经济，保证皇室、官僚、地主的奢侈生活供应方面起到重要作用，大商人积累了财富，相应地也提高了社会地位，一部分甚至跻身于士林。官僚、文人、地主、富商兴造园林供一己之享用，同时，也以此作为夸耀身份和财富的手段，而他们的身份、财富也为造园提供了必要的条件。

民间的私家园林是相对于皇家的宫廷园林而言的。封建的礼法制度为了区分尊卑贵贱而对士民的生活和消费方式做种种限定，违者罪为逾制和僭越，要受到严厉制裁。园林的享受作为一种生活方式，也必然要受到封建礼法的制约。因此，私家园林无论在内容或形式方面都表现出许多不同于皇家园林之处。

建置在城镇里面的私家园林，绝大多数为“花园”。宅园依附于住宅作为园主人日常游憩、宴乐、会友、读书的场所，规模不大。一般紧邻邸宅的后部呈前宅后园的格局，或位于邸宅的一侧而成跨院。此外，还有少数单独建置，不依附于邸宅的“游憩园”。建在郊外山林风景地带的私家园林大多数是“别墅园”，供园主人避暑、休养或短期居住之用。别墅园不受城市用地的限制，规模一般比宅园大一些。在欧洲和伊斯兰世界，私家园林以皇亲国戚、贵族及富商大贾园林为主，主要形式有庄园和花园。

4. 陵寝园林

陵寝园林是为埋葬先人、纪念先人，实现避凶就吉之目的而专门修建的园林。中国古代社会，上至皇帝，下至皇亲国戚、地主官僚、富商大贾，皆非常重视陵寝园林。陵寝园林包括地下寝宫、地上建筑及其周边园林化环境。

中国历来崇尚厚葬。生前的身份越尊贵、社会地位越高，死后营造的陵园越讲究，帝王、贵族、大官僚的陵园更是豪华无比。营建陵园要缜密地选择山水地形，园内的树木栽植和建筑修造都经过严格的规划布局。虽然这种规划布局的全部或者其中的主体部分并非为了游憩观赏的目的。而在于创造一种特殊的纪念性环境气氛，体现避凶就吉和天人感应的观念。但是，陵寝园林仍然具有中国风景式园林所特有的山、水、建筑、植物、动物五大要素，并且在陵寝选址上，以古代阴阳五行、八卦及风水理论为指导，所选的山水地理多为天下名胜，风景如画，客观上具备了观赏游览的价值。再说，据历史文献记载，每当举行祭祀活动时，吹吹打打，好不热闹，引来老少围观。尤其是皇帝举行上陵礼时，旌幡招展，鼓乐齐鸣，车毂辐辏，仪仗浩荡，引来十里八乡之民赏景观光，往往市面收歇，万人空巷。陵寝园林的观赏娱乐价值由此可见一斑。随着时代的发展，一座座陵寝园林已发展成为独具魅力的文物旅游胜地，转化为山水园林遗产。人们在凭吊古迹、参观文物的同时，欣赏陵寝园林之美，自有赏心悦目、触景生情之感。

在欧洲和伊斯兰世界，陵寝园林不像中国那样讲究排场，但在古埃及和印度的中世纪后期出现过举世瞩目的陵寝园林。如胡夫金字塔、泰姬陵等。与此同时，由于对天体、土地和五谷、树木的敬畏而兴造神苑、圣林的传统，在欧洲和阿拉伯世界却长久不衰。这些神苑、圣林除本身的敬仰、崇拜、纪念意义外，亦具有很高的观赏和游览价值。

5. 公园

公园的雏形可以上溯到古希腊时期的圣林和竞技场。古希腊由于民主思想发达，公共集会及各种集体活动频繁，为此，出现了很多建筑雄伟、环境美好的公共场所，这些场所是后世公园的萌芽。英国工业革命时期，欧洲各国资产阶级革命掀起高潮，导致封建君主专制彻底覆灭，许多从前归皇室或贵族所有的园林逐步收为政府管理，开始向平民开放。这些园林成为当时上流社会不可或缺的交际环境，也成为一般平民聚会的场所，起到类似公众俱乐部的作用。和过去皇室或贵族花园仅供少数人享乐比较，园林转变为全体居民游憩娱乐和聚会的场所，谓之公园。与此同时，随着城市建设规模的扩大，城市公共绿地大量涌现，出现了真正为居民游憩、娱乐的公园。公园包括城市公园、专业公园（如动物园、植物园等）、公共绿地和主题公园。当生态环境问题受到广泛关注以后，又产生了自然保护区公园。

（三）按园林功能区分

园林功能可以划分为综合性园林、专门性园林、专题园林、纪念性园林、自然保护区园林等。

1. 综合性园林

综合性园林是指造园要素完整，景点丰富，游憩娱乐设施齐全的大型园林。如纽约中央公园、中国苏州拙政园等。

2. 专门性园林

专门性园林是指造园要素有所偏重，主要侧重于某一要素观赏的园林，如植物园、动物园、水景园、石林园等。

3. 专题园林

专题园林是指围绕某一文化专题建立的园林，如民俗园、体育园、博物园等。

4. 纪念性园林

纪念性园林是指为祭祀、纪念民族英雄或祖先之灵，参拜神庙等而建立的集纪念、怀古、凭吊和爱国主义教育于一体的园林。如埃及金字塔、明十三陵、孔林、武侯祠等。

5. 自然保护区园林

自然保护区园林是指为保护天然动植物群落、保护有特殊科研与观赏价值的自然景观和有特色的地质地貌而建立的各类自然保护区园林，可以有组织有计划地向游人开放。如森林公园、沙漠公园、火山公园等。

此外，园林类型还可以按国别划分，如中国园林、英国园林、法国园林、日本园林、印度园林等，不胜枚举。

四、园林景观设计的含义

景观规划设计是指环境的自然景观和人文（人类社会各种文化现象构成的）景物的规划设计。景观设计并非独立于日常生活的美学行为，它既是艺术又是科学，既是实物又是理念，且与环境密不可分。

景观具有双重属性，其一，景观的物质实体隐喻、承载着该环境的历史文化发展；

其二，景观也存在于人们的脑海中，并通过各种途径形成对该环境的印象。景观作为环境形态构成要素中的主要要素之一，是环境的符号集合，这种符号集合代表一个城镇的环境特色，且为其居民所认同，它具有释放情感、刺激反应、勾起回忆和激发想象的作用，因此，景观既是一种城镇环境的符号又是居民和城镇结构的象征，还是环境朝气的动力和传承，影响着城镇发展的所有方向。

景观规划设计是指在进行城镇环境建设之前，对城镇中的自然景观和人文景物预先制定的方案、图样等。景观设计是城镇建设的艺术，也是历史文化的衍射和自然生态的辐射，更是创造人们愉悦视觉的活动，追求愉悦视觉的形式塑造过程。在景观设计中不仅要考虑美观，而且要考虑满足人们高层次的需要以及可持续发展的功能要求，因此，园林景观规划设计应属于构建环境与现状环境相协调的发展模式。

良好的园林景观规划使城镇居民热爱城镇、热爱故里，并产生精神的凝聚力和自豪感。要创造高品质的景观环境，反映环境的特色和面貌，使自然环境与人工环境完美地结合，提升城镇环境的物质和精神财富价值，为居民创造良好的居住、工作环境，也为外地来客留下极为深刻的印象，就必须依托成熟和适宜的景观规划设计方案，并使之顺利实施。因此，设计者应认真分析中国现代环境建设思路和景观设计中存在的问题，重塑经济、美观、健康的景观规划体系和景观设计理念，从而确保中国园林景观规划设计与人、自然、环境的和谐与可持续发展。

而当前现状是无论在北方大都市还是南方小镇，无论是新建的小城，还是具有数千年历史的古城，都毫无例外地开始“城市化妆”运动。有的不惜耗费数千万元巨资修建“人造景观”，不顾居民的生活休闲和活动的需要。更有甚者，强行改变自然环境的地形、地貌，改成奇花异木的“公园”：伐去城市河流两岸的林木，铲掉自然的野生植物群落，代之以水泥护岸，等等。这些轰轰烈烈的城市美化，不但没有提高居民的生活质量、改善城市环境，也与建设可持续、生态环保、自然与健康的城市相去甚远。

面对生态环境的日益恶化、文化身份的丧失，以及人与土地精神联系的断裂，当代景观设计学必须担负起重建“天—地—人”和谐的使命，在这个城市化、全球化、工业化的时代里设计新的“桃花源”。在生物保护中，景观设计将会扮演关键的角色。即使在高度人工化的环境里，通过树林、绿带、流域及人工湖泊等的合理布置，仍然能够很好地保护生物多样性。明智的景观规划设计不但能实现经济效益和美观，同时能很好地保护生物和自然。而景观不仅事关环境和生态，还关系到整个国家对自己文化身份的认同和归属问题。景观是家园的基础，也是归属感的基础。在处理环境问题、重拾文化身份及重建人地的精神联系方面，景观设计学也许是最应该发挥其能力的学科。景观设计学的这种地位来自其固有的、与自然系统的联系，来自其与本地环境相适应的农耕传统根基，来自上千年来形成的、与多样化自然环境相适应的“天—地—人”关系的纽带。

中国正处于重构乡村和城市景观的重要历史时期。城市化、全球化及唯物质主义向未来几十年的景观设计学提出了三个大挑战：能源、资源与环境危机带来的可持续挑战、关于中华民族文化身份问题的挑战、重建精神信仰的挑战。景观设计学在解决这三项世界性难题中的优势和重要意义表现在它所研究和工作的对象是一个可操作的界面，即景观。在景观界面上，各种自然和生物过程、历史和文化过程，以及社会和精神过程发生并相互作用，而景观设计本质上就是协调这些过程的科学和艺术。

中国城市化的惊人速度及其对全球的影响，已经或即将成为21世纪最大的世界性事件之一，中国的人地关系面临空前的紧张状态。设计人与土地、人与自然和谐的人居环境是当前的一大难题和热点，也是未来几个世纪的主题之一。所以，景观规划设计作为一门以人与自然的和谐共生为宗旨，以在不同尺度上进行人地关系的设计为己任的综合性学科，在中国具有广阔的应用前景。

五、景观设计中的历史文脉与城市特色

据考古学家的发现，我国最早的城市出现于距今约5 500年时，即史前时期就已有了城市生活的痕迹，可见我国城市历史的久远。人们从不固定的游牧生活转到相对固定的城市生活，依据一定的气候和地域条件，逐渐形成了各自不同的居住形式、劳作方式和生活习惯。我国地域辽阔，地理环境差异大，因此，南方、北方东部、西部等地区几千年历史沉淀下来的文化差异也很大。经历几千年的风雨洗礼，呈现在现代人面前的我国城市形态各异：有的是保存较完好、富有个性的老城，如苏州的老城区、杭州西湖景区；有的是被历史施过浓墨重彩、饱含历史沧桑的古城，如北京、西安；有的是具有现代史教育意义的、被西方文明浸染过的城市，如青岛、澳门。

城市的历史文脉不同，面貌就不同，所承载的精神也不同，相应的城市设计也应不同。诸如南京，历史上曾做过东吴、东晋，以及南朝的宋、齐、梁、陈六国的都城，被称为的“六朝古都”，后又做过南唐都城。朱元璋先定南京为大明首都，后明成祖迁都北京，南京亦为南都城。太平天国时期，南京名为天京，是太平天国的首都。“中华民国”时期，南京是民国政府中央政权的所在地。有着这样几千年的历史沉淀，南京自然蕴含着著名古都的豪迈大气和厚德载物的内在气质。南京的历史注定它有着深厚的人文资源和古迹名胜，如明孝陵、中山陵、秦淮河、玄武湖、莫愁湖、雨花台等。所以，南京的城市景

观设计应蕴含深刻的历史感，将深厚的文化底蕴和名都风采容纳在各式景观中，形成南京独特的历史人文景观。

当代的中国城市景观设计是在一个有着几千年文明发展史的国度里进行，它除了要考虑地理和生态环境之外，城市的历史文脉更是不可缺少的要素。城市的历史文脉，是指一个城市的历史文化和发展脉络，它像一条穿越城市的历史轴线，贯穿整个城市的历史，体现城市文化的积淀，是城市文明的结晶，也是人类历史的见证，更是一个城市无法再生的宝贵资源，理清中国城市的历史发展文脉在当代城市景观设计中显得尤其重要。

城市，是人类文明的标志，是社会发展的缩影。它的身上既集中了当代社会林林总总的精神面貌，也体现着历史的沉淀。古老的城市，历经沧桑，在洗尽铅华后毅然显现出独特的民族神韵和文化魅力。

新建的城市，以它崭新的姿态给人们提供现代的生活方式和对未来生活的无限神往。人们对城市倾注了极大的热情和渴望，城市成为人们物质与精神生活的理想栖居地。

历史文化是社会文化的积淀，是物质文化和精神文化的结晶，人类能够从历史文化中直观自己的天性，这是其他任何生物所不具有的特征。历史文化具有继承性，人类也更喜欢历史文化、历史遗迹，这也是人类本身的特性所决定的，因此，人们更加怀念历史文化，喜欢有历史文化内涵的建筑环境，历史文化遗迹的保护也成为人们生活的一部分。正因为城市承担物质与精神的双重寄托，因此，当代的城市景观设计也相应地要承载着更多的历史人文精神。景观设计师如果只考虑表面风格已远远不够，必须将城市的历史人文精神融入整个景观的设计中，让人们在城市景观建筑中体会和寻找历史感，感受人类的进步和延续人类优胜劣汰的生存史。人们对历史所产生的依赖性，是由于历史给人们提供了寻找心灵家园和判断优劣与否的心理依据，人们依据历史，可以认识人类社会的发展，可以认识自己，认识自己所处的环境，从而做出决定以确定人类今后的发展方向。历史扩大了现代人的精神空间，人们可以从过去的生活中寻找慰藉、自信、勇气和方向等。人们在城市景观建筑中寻找的这种历史感就要由我们的景观设计师来完成。

对于城市的景观设计来说，一方面要理清历史文脉，另一方面还要凸显城市特色。城市特色，是人们对于一个城市历史与文化的、形象的、艺术上的总体概括，这种概括既是感性的认识，又是可以上升为理性的、意识性的总体认识。一个城市的特色是它区别于其他城市的符号特征。城市特色主要由文物古迹的特色、自然环境的特色、城市格局的特色、城市景观和绿化空间的特色、建筑风格和城市风貌的特色以及城市物质和精神方面的特色等构成。城市在形成发展中所具有的自然风貌、形态结构、文化格调、历史底蕴、景观形象越是有差异，特色就越容易显现，这种个性和特色源于历史和传统，源于久远和遥远。在现代城市景观设计中，一方面，应保持这种文化延续性，使城镇景观反映一定的历史文化形态；另一方面，从历史片段、历史符号的联想中凝缩历史文化的遗迹，并在城市景观中得以再现和升华。

真正的现代景观设计是人与自然、人与文化的和谐统一。景观作品，尤其是规模较大的，一定要融合当地文化和历史以及运用园林文学，比如，借鉴诗文，来创造园林意境；引用传说，来加深文化内涵；题名题联，来赋予诗情画意。用最少的投入、最简单的维护，充分利用当地的自然资源和本色，达到与当地风土人情、文化氛围相融合的境界。作为中国人，更要了解中国的文化传统、风俗民情，更好地创造出符合中国人喜好的生活环境和空间。

六、园林景观设计的方向与出路

（一）展现历史文脉，彰显城市特色

我国是一个拥有五千年历史的文明古国，无论是历史文化还是传统建筑，都有无与伦比的优质资源。因此，当代的中国城市景观设计应抓住这一特点，进行创造性的设计，形成世界独一无二的城市景观。具体来说，就是要让中国城市景观设计展现历史文脉，彰显城市特色，只有这样才能获得突出的成就。在展现历史文脉的过程中，一方面，需要将有名的历史时期展现出来，让恢宏、大气、磅礴等词语成为主题，这样才能突出我国城市景观设计包含的丰富历史文化背景；另一方面，我们需要在城市景观设计中，有效地展现出城市景观特色，这样不仅会让景观更好地发挥功能，同时，对城市的发展而言，也有很大的促进作用。从客观的角度来说，城市的特色较多，无论是高科技还是高效率，都能在城市景观中有所体现，因此，在将来的工作中，我们需要让城市景观设计彰显独特的一面，避免“千城一面”的情况出现。高大、威猛的建筑未必适合于每个城市，我们需要根据城市的经济发展情况、人文环境来进行景观设计，否则结果肯定不理想。

（二）注重生态环境和可持续发展

不注重生态环境以及可持续发展是中国城市景观设计中存在的一个重要的问题。因此，要想为其找到合理的出路，就必须改变这一点。因为对于城市而言，要想给人们更加舒适的享受、更加便利的工作，以及更好的未来，就必须在景观设计方面，注重生态环境和可持续发展。就目前的情况而言，我国的生态环境比较脆弱，而且在很多方面，都受到了严重的破坏。同时，由于植被的覆盖率大幅度降低，城市的空气质量严重下降，

很多地区的污染指数大幅度升高。在这样的情况下，即使有出色的景观设计，也起不到太大的作用。在未来的发展中，设计人员需要注重生态环境和可持续发展的原则，以绿化城市和改善空气质量为主，力求将城市的综合指数提升到一个新的层次。

（三）立足现代观念，体现城市意境

当代中国的城市景观设计，可以充分利用中国古代原有资源，进而设计出独具特色的城市景观，还应该符合当代社会发展的特性。因为，建设后的城市毕竟是供当代人生活和居住的。因此，中国城市景观设计要想达到一个较高的水准，必须立足现代观念，体现城市的意境。现代的观念，如果通过景观设计来表达的话，就是保护环境，人与自然和谐相处，同时，也要让社会和谐发展。通过细心观察，可以发现，很多城市的景观设计以一些花草树木为基础，组成一些动物，如大象、大熊猫一类，这类景观设计能够自然地生长，虽然经过人为的拼接，不会对其生命造成影响，但是还需要一些专门的工作人员对其进行定期修剪，保持形状。相对于水泥和钢筋做成的景观设计，现今的居民更喜欢这样的绿色景观设计，它们不仅净化了空气，还为城市增添了一道亮色。有些设计人员以独有的想法和思维设计出了一些高端的作品，但并不符合大众的要求，即使在国际上叱咤风云，在我们国家的城市设计中却无法落实。因此，在将来的工作中，园林景观设计必须立足现代观念，体现城市意境。

总而言之，园林景观设计是当代城市寻求发展和转变的重要途径，各国都必须予以重视。中国在这方面也付出了努力，目前国内的很多地区也在不断探索城市景观设计的出路，并且获得了一定的成果，但是具体实施中还存在一些问题。有关专业设计人员，必须正视城市景观设计，科学、合理地进行设计，共同努力，从而为中国的园林景观建设开辟好的出路。

第二节　园林景观设计的基本程序

一、任务书和基地调查与分析

设计程序的第一步，是任务书阶段。在这个阶段，设计者要充分了解设计委托方的具体要求，有哪些愿望，对设计所要求的造价和时间期限等内容。这些内容往往是整个设计的根本依据，从中可以确定哪些值得深入细致地调查和分析，哪些主要做一般的了解。在任务书阶段很少用到图画，常以文字说明为主。

掌握了任务书阶段的内容之后，就应该着手进行基地调查和分析阶段。调查和分析的目的在于，使设计者尽可能地熟悉场地（宛如设计者生活、工作在那里一样），便于确定和评价场地的特征、存在的问题以及发展潜力。换句话说，就是场地的优缺点是什么，什么应该保留和强化，什么应该被改造或修正，如何发挥其功能，什么是限制因素，对场地的感觉和反应如何。实质上，设计程序的这一步，很像你要写一篇文章或准备一篇报告而去图书馆收集资料和研究一样。不知道要表现的内容和特征，是做不了设计或写出文章的。所以，基地现状调查和分析是为设计提供“线索”或“钥匙”，是协助设计者解决场地问题最有效的工具，能为所做的设计内容提供依据和理由。

收集的资料和分析的结果应用图面、表格或图解的方式表示，通常用基地资料图记录调查的内容，用基地分析图表示分析的结果。这些图常用徒手线条勾画，图面要简洁、醒目，要能说明问题，图中要常用各种标记和符号，并配以简要的文字说明或解释。另外，在收集资料中，照相机是有效的工具。照片可以用来查对用在设计中的每一份资料，或帮助我们回忆场地的现状情况。

（一）基地现状调查的内容

基地现状调查包括收集与基地有关的技术资料和进行实地察看、测量两部分工作。有些技术资料可从有关部门查询，如基地所在地的气象资料、基地地形、城市规划资料等。对于查询不到又必需的资料，可通过实地调查、勘测得到，如基地及环境的视觉质量、基地小气候条件等。在这个阶段，有大量的资料和情况要研究。下列是基地现状调查时应该考虑因素的纲要：

1. 基地位置和周围环境的关系

（1）基地周围的用地状况和特点。相邻土地的使用情况和类型，相邻的道路和街道名称，其交通量如何，何时高峰，街道产生多少噪声和眩光。

（2）相邻环境识别特征。建筑物的年代、样式及高度，植物的生长情况，相邻环境的特点与感觉，相邻环境的构造和质地。

（3）标出地区、居住区主要机关的位置。如学校、警察局、消防站、商业中心和商业网点、公园和其他娱乐中心。

（4）标出相邻交通的状态。道路的类型、体系和使用量，交通量是否每月或随季节改变，到基地的主要交通方式，假如两种以上，何者、何时最适用，附近公共汽车路线位置。

（5）相邻区的区分和建筑规范。允许的建筑形式、建筑高度和宽度的限制，建筑红线的要求，道路宽度的要求。

2. 地形

（1）标出整个基地中的不同坡度（坡度分析）。

（2）标出主要地形形态（凸地形、凹地形、山脊、山谷）及特色。

（3）标出冲刷区（坡度太陡）和表面易积水区（坡度太缓）。

（4）标出现有建筑物室内室外的标高。

3. 水体

（1）标出每一汇水区域与分水线。检查现有建筑各排水点，标出建筑排水口的流水方向。

（2）标出主要水体的表面高程，并检查水质。

（3）标出河流、湖泊的季节变化，洪水和最高水位，检查冲刷区域。

（4）标出静止水的区域和潮湿区域。

（5）地下水情况。

（6）基地的排水。

4. 土壤

（1）土壤类型。酸性土还是碱性土？沙土还是黏土？肥力如何？

（2）表层的土壤厚度。

（3）土壤的渗水率。

（4）不同土壤对建筑物的限制。

5. 植物

（1）标出现有植物的位置。

（2）对大面积的基地应标出：不同植物类型的分布带，树林的密度、树林的高度和树龄。

（3）对较小基地应标出：植物种类、大小（高度、宽度和乔木的树冠高）、外形、色彩（树叶和花）和季相变化，质地，有何独特的外形或特色。

（4）现有植物对发展的限制因素。

6. 小气候

（1）全年季节变化，日出及日落的太阳方位。

（2）全年不同季节、不同时间的太阳高度。

（3）夏季和冬季阳光照射最多的方位区。

（4）夏季午后太阳暴晒区。

（5）夏季和冬季遮阴最多区域。

（6）全年季风方位。

（7）夏季微风吹拂区和避风区。

（8）冬季冷风吹袭区域。

（9）年和日的温差范围。

（10）冷空气侵袭区域。

（11）最大和最小降雨量。

（12）冰冻线深度。

7. 原有建筑物

（1）建筑形式、高度、外立面材料、门窗的位置。

（2）对小面积基地上的建筑有以下要标明：室内的房间位置，如何使用和何时用、何种房间使用率更高，地下室窗户的位置（离地面深度），门窗的底部和顶部离地面多高，室外下水、室外建筑上附属的电灯、通风口等，挑檐的位置和离地面的高度。

（3）由室内看室外的景观如何。看到什么，是否需要遮蔽或加强景观效果。

8. 公用设施

（1）水管、煤气管、电缆、电话线、雨水管、过滤池等在地上的高度和地下的深度，与市政管线的联系，电话及变压器的位置。

（2）空调机或暖气泵的高度和位置，检查空气流通方向。

（3）水池设备和管网的位置。

（4）照明位置和电缆设置。

（5）灌溉系统位置。

9. 视线

（1）由基地每个角度所观赏到的景物。若是好景，是否应强化；若景观不好，是否删去。

（2）了解和标出由室内（常使用的房间）向外看到的景观，在设计中如何加以处理。

（3）由基地内外看到的内容。由基地外不同方位看园内的景观，由街道上看园内，何处是园内最佳景观，何处是园内最差景观。

10. 空间与感觉

（1）标出现有的室外空间。何处为“墙”（绿篱、墙体、植物群、山坡等），何处是荫翳的“天花板”（树冠等）。

（2）标出这些空间的感受和特色（开敞、封闭、欢乐、忧郁）。

（3）标出特殊的或扰人的噪声及其位置。如交通噪声、水流声、风吹松枝的声音等。

（4）标出特殊的或扰人的气味及位置。

11. 园址的功能

（1）标出场地怎样使用（做什么？在何处？何时用？怎样用？）。

（2）标出以下因素的位置、时间和频率。使用者进出路线和时间，办公和休息时间，工作和养护，停车场，服务人员，垃圾场。

（3）标出维护、管理的地方。

（4）标出须特别处理的位置和区域沿散步道或车行道与草坪边缘的处理。

（5）标出第一眼看到基地时的感觉如何。

（二）基地分析

记录基地的现状资料是比较容易的，对基地资料的分析实则较为困难。调查是手段，分析才是目的，而初学者常常容易忽略这点。分析工作需要很多经验和知识，才能知道什么对设计有利、什么有害，以及设计方案对环境产生什么影响。

基地分析包括在地形资料的基础上进行坡级分析、排水类型分析，在土壤资料的基础上进行土壤承载力分析，在气象资料的基础上进行日照分析、小气候分析等。较大规模的基地是分项调查的，因此，基地分析也应分项进行，最后再综合。首先将调查结果分别绘制在基地底图上，一张底图只做一个单项内容，然后将诸项内容叠加到一张基地综合分析图上。

（三）资料表达

在基地调研和分析时，所有资料应尽量用图面或图解并配以适当文字说明的方式表示，并做到简明扼要，这样资料才会直观、具体、醒目，给设计带来方便。

标有地形的现状图是基地调查和分析不可缺少的基本资料，通常称为基地底图。在基地底图上应表示出比例、朝向、各级道路网、现有主要建筑及人工设施、等高线、大面积的林地和水域、基地用地范围。另外在要缩放的图纸中最好标出线状比例尺图，用地范围用双点画线表示。基地底图不要只限于表示基地范围之类的内容，最好也表示出一定范围的周围环境。为了准确分析现状及高程关系，也可做一些典型的剖面。

为了达到最终的设计目的，也可以图表或文字的方式列出设计大纲，包括设计内容和目的、设计所包含的元素、完成设计所需要的特殊因素。设计大纲有助于设计的思考、设计构思的建立和设计目标的实现。

二、初步规划和方案设计

当基地规模较大及所安排的内容较多时，就应该在方案设计之前先做出整个园林的用地规划或布置，保证功能合理，尽量利用基地条件，使诸项内容各得其所，然后再分区分块进行各局部景区或景点的方案设计。若范围较小，功能不复杂，则可以直接进行方案设计。方案设计阶段本身又根据方案发展的情况分为方案的构思、方案的选择与确定以及方案的完成三部分。综合考虑任务书所要求的内容和基地及环境条件，提出一些方案构思和设想，权衡利弊确定一个较好的方案或几个方案构思所拼合成的综合方案，最后加以完善完成初步设计。该阶段的工作主要包括进行功能分区，结合基地条件、空间及视觉构图确定各种使用区的平面位置（包括交通的布置和分级、广场和停车场地的安排、建筑及人口的确定等内容）。常用的图面有功能关系图、功能分析图、方案构思图和各类规划及总平面图。

（一）功能分区图

功能分区图是设计阶段的第一步骤。在此阶段，设计师在图纸上以“理想的图示”的形式，来进行设计的可行性研究，并将先前的几个步骤，包括基地调查、分析及设计大纲的研究得到的结论和意见放进设计中。这个阶段的设计研究是较松散的、较粗放的设计。功能分区图的目的，是确定设计的主要功能与使用功能是否有最佳的利用率和最理想的联系。此时的目的是协助设计的产生，并检查在各种不同功能的空间中可能产生的困难及与各设计因素间的关系。

功能分区图我们一般用圆圈或抽象的图形表示，在初步设计阶段，并非设计的正式图。这些圆圈和抽象符号的安排，是建立功能与空间理想关系的手段。在制作理想的功能分区图时，设计者必须考虑下列问题：

第一，什么样的功能产生什么样的空间，同时，与其他空间有何衔接。

第二，什么样的功能空间必须彼此分开，要离多远；在不调和的功能空间之间，是否要阻隔或遮挡？

第三，如果从一空间穿越到另一空间，是从中间还是从边缘通过，是直接还是间接通过？

第四，功能空间是开敞，还是封闭；是否能向里看，还是由里向外看？

第五，是否每个人都能进入这种功能空间，是否只有一种方法或多种方法？

理想的功能分区图必须表达以下内容：

一是一个简单的圆圈表示一个主要的功能空间。

二是功能空间彼此的距离关系或内在联系。

三是每个功能空间的封闭状况（开放或封闭）。

四是屏障或遮蔽。

五是从不同的功能空间看到的特殊景观。

六是功能空间的进出口。

七是室内的功能空间与预想的室外空间。

八是注解。

（二）设计构思图

设计构思图是由功能关系图直接演变而成的。两者不同之处是，设计构思图精确地表现基地条件，依据比例、尺度来绘制，图面表现和内容都较详细。

（三）总平面图

总平面图是将所有的设计素材以正式的、半正式的制图方式，将其正确地布置在图纸上。全部的设计素材一次或多次地被作为整个环境的有机组成部分考虑研究过。根据先前构思从所建立的间架，再用总平面图进行综合平衡和研究。总平面图要考虑的问题如下：

一是全部设计要素所使用的材料（木材、砖、石材等）、造型。

二是画在图上的树形，应近似成年后的尺寸。尺寸、形态、色彩和质地，都得经过推敲和研究。在这一步，画出植物的具体表现符号，如观赏树、低矮常绿灌木、高落叶灌木等，都应确定下来。

三是设计的三维空间的质量和效果包括每种元素的位置和高度，如树冠、绿廊、绿篱、墙及土山。

三、详细设计和施工图设计

方案设计完成后，应协同委托方共同商议，根据商讨结果对方案进行修改和调整。一旦定下来后，就要全面地对整个方案进行各方面详细的设计，包括确定准确的形状、尺寸、色彩和材料，完成各局部详细的平立剖面图、详图、园景的透视图、表现整体设计的鸟瞰图等。

施工图阶段是将设计与施工连接起来的环节。根据所设计的方案，结合各工种的要求分别绘制出能具体、准确地指导施工的各种图面，这些图面应能清楚、准确地表示出各项设计内容的尺寸、位置、形状、材料、种类、数量、色彩以及构造和结构，完成施工平面图、地形设计图、种植平面图、园林建筑施工图等。

四、设计评价

设计评价作为最后一个环节，一般容易被忽视，然而，对于一个完整的设计过程来讲必不可少。其主要作用在于按照总体目标制定的方向和原则对最后的景观设计成果进行检验和反馈，以检验总体设计目标和策略的执行程度，从而可以使得最终设计成果与前期分析研究的结果环环相扣、相辅相成。对景观设计学的理论拓展、设计方法的选择、设计过程中的方案比选、景观的适用质量好坏等方面都具有非常重要的意义。

景观设计评价的展开需要建立一套合理的评价体系。对于当代景观设计实践，其评价指标体系主要由以下几方面组成：

（一）美学评价标准

美学评价标准主要关注点在于城市景观的形态特征，诸如比例、尺度、统一、均衡、韵律、色彩、肌理等古典美学原则，以及与之相对应的解构、复杂、模糊、生动、惊异、拼贴、波普等现代或后现代美学原则。无论对于景观的理解有何种不同，对于景观形态方面的注意都是不可或缺的。

（二）功能评价标准

功能评价标准在景观设计评价中占据重要的地位，它是衡量景观作品究竟能够在人们生活中发挥多大作用，为人们所适用的程度和频率究竟有多大的主要指标。

（三）文化评价标准

文化评价标准是用以评价景观形态的文化特征和意义，景观是有地域性的，好的景观作品应当能够彰显地方文化特质，增强场所认同感，建立人与环境之间的有机和谐，承担起增进“民族文化认同”的社会责任。

（四）环境评价标准

环境评价标准用以评价景观对于环境生态的影响程度，是生态设计理念在景观设计学中的重要体现，主要关注点在于景观作品可能带来的环境影响，能源的利用方式，对自然地形、气候等风土特征的尊重程度等。

第三节　园林景观设计的图示表达

地形、水体、植物和园林建筑及构筑物是构成园林景观实体的四大要素。园林中景物的平面、立（剖）面图是以上这些要素的水平面（或水平剖面）和立（剖）面的正投影所形成的视图。

地形在平面图上用等高线表示，在立面或剖面图上用地形剖断线和轮廓线表示；水体在平、立面图上分别用范围轮廓线和水位线表示；树木则用树木平面和立面表示。

一、地形的表现方法

（一）一般地形的表现

1. 平面表现

园林地形的平面表现通常要借助等高线。等高线是一组垂直间距相等、平行于水平面的假想面，与自然地貌相交切所得到的交线在平面上的投影。

等高线一般以细实线绘制，如果在图中同时画出原地形及设计地形，那么原地形以细虚线绘制，设计地形以细实线绘制。在园林表现图中一般不需要在等高线上标注高程，而采用分层设色法或坡级法形象地表示地形的高低陡缓、峰峦位置、坡谷走向及溪池的深度等内容。

（1）分层设色法在地形图上，以一定的颜色变化次序或色调深浅来表示地形的方法。首先将地形按高程划分若干带；然后选择一种绿色，将其分成深浅不同的若干色阶，按照高程数值越大，色阶越深的原则填充各个高程带。这种方法能醒目地显示地形各高程带的范围、地势的变化，具有立体感。

对于大地形而言，建筑应布置在山脚，因此，采用上深下浅的分层设色法将山脚的建筑显现出来。而对于园林规划设计项目中常见的小地形、微地形而言，建筑、小品常位于坡顶、半坡，因而可以采用上浅下深的颜色分布方式，容易表现出地形的受光效果。

（2）坡级法在地形图上，用坡度等级表示地形的陡缓和分布的方法称为坡级法。这种表示方法比较直观，便于了解和分析地形，对于在坡度变化复杂的山体上设置道路、场地时尤为实用。地形坡级法的作图过程如下：

首先，定出坡度等级，根据拟定的坡度值范围用坡度公式$i=(h/l)\times100\%$，算出临界平距$l_{5\%}$、$l_{10\%}$和$l_{20\%}$，划分出等高线平距范围；其次，用自制坡度尺在图中标出所有临界平距位置，当遇到间曲线（等高距减半的等高线）时，临界平距相应地减半；最后，用不同的图例填充临界平距所划分的不同坡度范围，可以采用线条或色彩。

2. 立、剖面表现

作地形剖面图先根据选定的比例结合地形平面出地形剖断线，然后绘制出地形轮廓线，加上植被，得到较为完整的地形剖面图。

3. 透视表现

透视图中的地形表现主要通过光影的刻画、笔触的变化表现出其体积感。地形上的景物也可以用来间接表现地形，比如利用透视规律，将地形上的景物缩小些，表现地形的高度，还可以利用植物在地形上的投影形状表现地形。地形与地形上的植被、小品、建筑之间的尺度关系必须准确，否则会导致其中一方的尺度失真。

（二）传统园林中山石地形的表现

传统园林中山石地形从材料上可以分为三种类型：土山、石山、土石相间。土石相间包含两种类型：土包石，以土为主；石包土，以石为主。

土山的表现方法参考一般地形的表现方法，石山、土石相间两种类型的山石地形的表现关键在于石块的表现。

1. 平面表现

绘制石块平面图是先用粗实线勾勒石块的轮廓，再用细实线概括地勾画石块的纹理，表现立体感。绘制山石地形平面图应注意山石的布局特点。

2. 立面、透视表现

传统地形一般为不规则形，其透视与立面画法并无差异。绘制山石地形的立面图、透视头，遵循“石分三面”的原则，先将石块的轮廓勾勒出来，再用细线将石块分为左、右、上三个面，石块就有了立体感。山石的立面、透视表现同平面表现一样，先勾画轮廓，再依据石料的纹理，用细线刻画石纹。

不同的石块，其纹理不同，有的浑圆、有的棱角分明，表现时应注意运用不同的笔触和线条。

二、水体的表现方法

（一）平面表现

水体驳岸的平面表现形式一般为粗线，有时再用一条细线表示常水位线，与驳岸的构造有关，如果是自然式或非垂直式驳岸，平面形式一般为一条粗线加一条细线，粗线表示驳岸线，细线表示常水位线。如果是垂直驳岸，平面形式仅为一条粗线，常水位线如其重合。

水面的表现有线条法、等深线法、平涂法和景物法四种方法。

1. 线条

用工具或徒手排列的平行水平线条表示水面。线条可采用波纹线、水纹线、直线或曲线。线条与驳岸线要相接，可以突出驳岸线的线形。

2. 等深线

在靠近岸线的水面中，以岸线的曲折画两三根曲线，这种类似等高线的闭合曲线，通常用于形状不规则的水面，以等深线表示。等深线法同等高线一样可以分层设色，离岸边较远的水面颜色深。等深线反映出驳岸的坡度和形状。适用于比例不小于 1 ∶ 1000 的总平面图。

3. 平涂

用色彩或墨色平涂水面的方法，适用于小比例的总体规划图。

4. 景物

利用与水有关的一些内容表示水面。与水面有关的内容包括：水生植物，水上活动工具、码头和驳岸露出水面的石块及其周围的水纹线，以及水落于水面引起的水圈，等等。这种方法适用于比例不小于 1 ∶ 500 的大比例的设计图。

（二）立面表现

在立面上，水体的表现采用线条法和留白法。线条法是用细实线或细虚线勾画出水体造型的一种水体立面表示法；留白法是将水体的背景或配景画暗，衬托出水体造型的方法。通常情况下，这两种方法是混合使用的。

（三）透视表现

透视图中的水体在表现时除了采用线条法和留白法（参考水体的立面表现）之外，还有景物法和光影法。

1. 景物法

是在图中水面部分根据规划设计方案的需要添加水生植物或者游船等，间接地表现水体。

2. 光影法

是指用线条和色彩将水体的光影变化表现出来的方法。用光影法表现水体，画的不是水体本身，而是水体下（或后面）的物体的光影。光影法中有一个重要的技法是绘制景物倒影的技法。在绘制水中景物倒影时应注意以下几点：

（1）遵循物理学的平面镜成像原理和透视原理，如果是静水，倒影清晰；如果是动水，倒影则只有一个大体的轮廓。

（2）涂色时，倒影的明度在整体上应比景物的明度弱一些，但两者的明度变化是一致的，换句话说就是画倒影画的是物体暗部的倒影，物体的亮部在倒影中留白即可。对于水面所占比例较大的透视图，其明度还应与前景、中景以及背景的明度模型结合考虑。

（3）如果景物很复杂，那么倒影适当简化，否则倒影会喧宾夺主，图面的整体效果会被削弱；如果景物较简单，倒影可适当画得详细些。

三、植被的表现方法

植物的种类很多，各种类型产生的效果各不相同，表示时应加以区别，分别表现出其特征。

（一）树木

1. 树木的表示方法

树木的平面以图例表示，先以树干为圆心、树冠为平均半径画一个圆，再加以图形处理。常见的处理方法有四种：轮廓型、分枝型、枝叶型和质感型。

（1）轮廓型将圆的轮廓赋予形状变化的凸起，凸起的形状圆润光滑的表示阔叶树，尖锐的则表示针叶树。如果轮廓内加 45° 斜线则表示常绿树。圆中画一个粗线小圆或黑点表示树干所在位置及树干的粗细。树冠的大小应根据树龄按图纸比例画出。

轮廓型的植物平面图例是《风景园林图例图示标准》指定的图例。在实际的绘图工作中有下列几种情况适合选用轮廓型的植物平面图例：

①绘制规划阶段的小比例图纸中的植物平面图例。对于规模较大的园林项目而言，在其规划阶段前期，总平面的表达深度不要求对植物的种类进行过多的区分，图例的大小也不足以再做更多的图形处理。

②绘制设计阶段的扩初图纸及施工图中的植物平面图例。这两个阶段的平面图中要区分出所有植物，过于复杂的植物图例会增加识图难度，简单的轮廓型图例反而适用。在植物种类特别多时，图例可简化为一个带数字的圆，圆中的数字与图中附带的植物表中的数字对应。

③平面图总需要强调植物的布局及常绿、落叶植物的配比，使用轮廓型图例可达到一目了然的效果。

④图纸比例较小或者某些树木的冠径较小时，只能采用轮廓型图例，必要时可略去轮廓的形状变化，只画一个圆，辅以颜色来区分不同树种。

⑤需要区分设计场地内原有树木和设计树木。按《风景园林图例图示标准》规定，树干为粗线小圆表示规划设计场地内原有的树木，树干为细线“+”号则表示设计树木。如果轮廓型图例与分枝型、枝叶型和质感型混用，那么其他三种图例表示原有树木，带“+”号的轮廓型图例则表示设计树木。

（2）分枝型、枝叶型和质感型

①分枝型在树木平面中以线条组合表示树枝或枝干的分杈。分枝型常用来表示落叶阔叶树或针叶树。

②枝叶型在树木平面中既表示分枝、又表示冠叶，树冠可用轮廓表示，也可用质感表示。枝叶型是其他几种类型的组合。

③质感型在树木平面中只用线条的组合或排列表示树冠的质感。

以上三种类型的植物平面图例均比轮廓型复杂得多，其中分枝型略为简单些。由于图形的复杂性，这三种类型的植物平面图例的运用受到图纸比例的限制，图纸比例一般不小于 1 ： 500。在实际使用时可采用一些特殊的方法简化图例，比如，结合平面图设定的光照方向表现植物图例的受光效果，遵循受光面疏、背光面密的原则绘制图例，在表现场地光照效果的同时使图例有所简化。另外，还可以采用只画出树冠边缘的方法，即只在树冠边缘的部分体现分枝型、枝叶型或质感型的特点，使树冠边缘与树干之间的部分保持空白。

不管采用哪种方式，绘制树木的平面表现要遵循以下几点：

第一，依据图纸表现的需要选择合适的图例。

第二，图例尽量要简单易读，不应有过多修饰，减少图纸信息量及制图工作量。

第三，不同比例图中的图例要有所差异，图纸比例越小，图例越简单；图纸比例越大，图例可适当复杂些。

第四，不同冠径的图例要有所差异，树冠越大或越小，图例都应趋于简单，而处于两者之间的可适当复杂些。

2. 树丛、树群的平面表现

当树木相连时，如树丛、树群，其平面表现要区分如下几种情况：

（1）体量不同的几株树木相连时，树冠应相互避让，高的覆盖低的。如果树木高度相差悬殊，且低矮树木大部分被高大树木遮盖，那么高大树木应画成透明状，注意“树冠的避让”。

（2）种类相同的几株树木相连时，树冠轮廓可连成一片。

（3）当表示纯林树群时，根据该种树木的图例树冠轮廓形状勾勒其林缘线。

（4）当表示混林树群时，以平滑圆弧勾勒其林缘线。

3. 树木的平面落影

树木的平面落影可以增加图面的对比效果，突出树木、树丛或树群的平面布局形态。树木的落影与树冠的形状、光线的角度以及地面的条件有关。在园林图中常作落影圆，然后擦去树冠下的落影，将其余的落影涂黑，并加以表现。

当树冠的落影覆盖了某些内容时，如果被覆盖的内容较为重要，则应去除落在该部分的阴影或提高其透明度；如果树下的地面、草地需要强调时，树冠落影应表现其质感。当树冠的落影覆盖的内容有一定高度时，要注意落影因此产生的宽度变化。

4. 树冠的避让

如果植物图例覆盖了树下的内容如等高线、道路、小品、下层植被等内容，应视此图例为透明，如实画出树下的内容，树冠以轮廓型或简化后的分枝型、枝叶型和质感型图例表示，这种方法被称为“树冠的避让”。

（1）如果上层树木图例与下层植被重叠，上层树木用轮廓型图例，下层植被图例可适当复杂些，使两者易于区分。

（2）如果树下覆盖的内容不是重要信息，可略去树下内容的落影，反之则如实表现。

（3）当平面图只强调树木群体的布局时，可以不考虑树冠的避让，以强调树冠平面为主。

5. 树木的立面与透视表现

树木的立面表现和透视表现在技法上并无严格的区分。树木的立面和透视表现应尽量突出树木原有特征，采用写实的形式刻画树形轮廓和枝叶特征，减少图案化、装饰化的痕迹。画好树木的立面和透视应首先掌握树木的几种基本形态。树木形态的特点除了与树种本身有关以外，还与年龄、生长环境及是否被移植等因素有关，平时观察树木形态时应予以注意。绘制园林表现图中的设计树木时应表现树本正常、健康的形态，不能为求图面效果而刻意画一些病树。

（1）树木形态表现

树木的立面、透视表现形式也可以分为分枝、轮廓、枝叶和质感等类型，每种画法都有其特点和用途。

①分枝型

是只画枝干不画树冠、树叶的画法，用以表现冬季落叶乔木。要注意干和枝的习性，安排好粗枝的走势和小枝的疏密。

要遵循“树分四枝”的原则，即要把分枝的前后、左右关系画出来，以表现树木的立体感。四枝不能平均对待，要有所变化。

为了更好地突出树种的特点，可用线条刻画出树皮的纹理。透视图中树木的水平纹理要注意透视效果，树干前伸和后伸的纹理弯曲方向也有显著的差别。

②轮廓型

是只画树冠轮廓不画树叶的画法。

③枝叶型

是完整地表现出树木枝叶的画法，具有较强的写实性，在强调植物造景的表现图中可采用这种画法。

④质感型

是对枝叶型的简化，侧重于表现树冠整体的肌理效果，将表现树叶的线条简化为模拟叶丛质感的笔触，用短线排列、连续乱线或乱线组合的方法表现。

（2）光影明暗的表现

在阳光照射下，树木的明暗变化有一定的规律，迎光的一面看起来亮，背光的一面则很暗，里层的枝叶由于不受光，所以很暗。在表现时遵循“亮面不画，暗面画”，即树木的亮面留白，只表现轮廓，暗面画出树叶或表示树叶质感的笔触。

（3）空间层次的表现

在园林立面图、剖面图中，前景、中景和背景的树木应注意有所区分，作为背景的树，一般处于建筑、场地等中景的背后，起到衬托中景的作用。背景树以质感型或轮廓型为宜。

中景树用枝叶型或质感型结合明暗表现，前景树可用不带明暗表现的轮廓型或枝叶型。主景树的形态、明暗较为丰富，与背景树拉开差距，表现空间层次。

（4）透视图中树木落影的表现

在透视图中，树影也是一个需要注意的细节。树木在阳光照射时会投射下影子，这种影子除了落在树干上之外，还可能落在地面上、建筑物墙面上。由于树冠总有一些缝隙，所以阳光会穿过这些缝隙在树干、地面或墙面上留下一个个椭圆的光斑，产生稀疏斑驳的效果。

（5）树木形态的简画法

①简化种类。将分枝型、轮廓型、枝叶型和质感型的树木画法做程式化处理，不强调植物的种类区分，而按树木的景观功能分类进行归纳，比如，作为中景观赏林的色叶树、常绿树，调节林冠线的背景树，起遮挡作用的遮阴树等。

②简化树叶和树枝。基本保留树木枝干的形态，略加树叶或简化枝叶，再用色彩渲染树冠。

③简化树冠。利用光影效果简化树冠，结合表现图中的光影，可大幅度省略树冠亮面的树叶，只在暗部和树冠轮廓处添加树叶。

（二）灌木和地被

灌木的平面表示方式与树木相似，通常修剪的整形灌木丛可以用轮廓型、分枝型或枝叶型表示，自然式种植灌木丛平面宜用轮廓型表示。单独种植的灌木用轮廓型、分枝型或枝叶型表示，中间采用一个黑点或多个黑点表示种植位置。为了与树群区分，灌木丛轮廓的凸起或凹陷呈不规则形，大小应小于树群。灌木的立面与透视的表示方法同树木相似。

（三）草坪和草地

草坪和草地的平面表示一般采用打点法，点的大小应基本一致，在靠近草坪和草地边缘的地方，点可适当密一些，以突出场地、道路的边界。在透视图中，采用线段排列法、乱线法或“m”形线条排列法等方法表示。

四、园林建筑的表现方法

（一）平面表现

1. 抽象轮廓法

绘出建筑平面的基本轮廓，并平涂某种颜色，反映建筑的布局即相互关系，一般适用于在小比例的总体规划图中，图纸比例不小于 1 ： 1 000。

2. 屋顶平面法

以粗实线画出屋顶外轮廓线，以细实线画出屋面，清楚地表达出建筑屋顶的形式、坡向等形制，一般适用于总平面图，图纸比例不小于 1 ： 1 000。

3. 剖平面法

画出建筑物的平面图，即沿建筑物窗台以上部位（没有门窗的建筑过支撑部位）经水平剖切后所得的剖面图，图纸比例不小于 1 ： 500。

（二）立面表现

园林建筑立面图主要反映建筑的外形和主要部位的竖向变化。

（1）立面图的外轮廓用粗实线，主要部位轮廓线如勒脚、窗台、门窗洞、檐口、雨篷、柱、台阶、花池等用中实线，次要部位轮廓线如门窗分割线、栏杆、墙面分割线、墙面材质等用细实线。地坪线用粗实线。

（2）如若需要，立面表现图章可标注主要部位的标高，如出入地面、室外地坪、檐口、屋顶等处。

（3）建筑的立面配景应与平面图保持一致，绘制出建筑所处的环境特征。植物、山石等配景应注意与建筑的尺度、比例的关系，不可为丰富画面而随意添加。植被用细实线画。

园林建筑的剖面图结合周围地形、环境一起表现。

（三）透视表现

园林建筑的透视表现与城市中公共建筑的透视表现不同，后者主要表现建筑本身，植物、人物等配景根据建筑表现的需要取舍、搭配，而前者则侧重如实地表现建筑与环境的关系。

1. 表现内容

（1）建筑与环境关系的表现

第一，应表现出园林建筑所处的环境特征，如水边、山地或平地等。第二，交代园林建筑的背景，如树林、山地或城市建筑等。第三，表现园林建筑与道路、场地、地形、植被之间在空间形态、交通流线、色彩搭配等方面的关系，尤其应强调植被与建筑在形体搭配和比例尺度方面的关系。第四，利用人物、景观设施等配景表现出园林建筑的功能。

（2）建筑自身的表现

即最重要的是表现出原来建筑的特点。总的来说，园林建筑一般宜短不宜长，宜散不宜聚，宜低不宜高，其形体常常给观赏者轻巧、通透的感觉，因此，不能像一般的建筑表现那样表现园林建筑的体量感（纪念性园林中的建筑除外）。结合园林建筑的形体转折、院落布局，以光影表现出园林建筑自身的空间层次。

2. 表现步骤

（1）在 A3 或 A4 纸短边的 2/3 处画一条水平线作为视平线，用 2H 铅笔绘出透视图底稿。

（2）用型号 0.2 ～ 0.3 的针管笔勾勒线稿。如须强调建筑的立体感，可用型号 0.5 的针管笔加粗建筑物的外轮廓，待墨迹干后轻轻擦除铅笔底稿。表现建筑形体转折的线条采用端部加重线，两线相交时出头。

（3）选取明度分级模式，既可选取立体空间模型，即前景白、中景黑、背景灰，由于这个建筑形体转折多变，空间层次丰富，体量轻盈，也可采用容积空间模型，即前景黑、中景白、背景灰，图例用了后者。

（4）单色渲染先对建筑进行明暗分面，画出主要的明暗块面和阴影，对明暗关系进行深入刻画，用退晕的方法表现光影的变化。增加周围环境景物，说明建筑所在背景环境的特征。表现水面，为衬托中景的白，水面的明度为近深远浅。

第二章　现代园林景观设计的原则构成

现代园林景观设计需要满足现代人在生活、娱乐，游玩等多个方面的基本需要。所以就要求设计师在设计过程中遵循一定的设计原则，这样才可以满足人们日益变化的精神需要。所以，本章主要论述的是现代园林景观设计的原则构成，主要包括四个方面的内容，即光线与色彩搭配原则、形态与纹理结合原则、节律性与均衡性原则、新思想与影响的原则。

第一节　光线与色彩搭配原则

光线对于色彩的营造有很大的影响。黄昏时分，光线刚刚开始变弱，此时，行走在花园中，会有一种独特的体验；当太阳继续西沉，植物被落日打上背光时，又是另一种完全不同的感受。在阴沉的天气中，花园往往也会显得灰蒙蒙的，令人提不起精神来；在冬天明朗的天气中，枝条上的霜或积雪都会在太阳的照耀之下，让整个花园变得非常闪亮。光线的变化，可以引发人们完全不同的感受。园艺家可对光线做出充分的利用，如果确定好了光线的投射点，就能够在很大程度上改变园林的原有氛围。

一、光线使用的原则

（一）光线影响园林的朝向

在察看一块新空间时，园艺设计师首先观察的就是它的方位。花园的朝向和采光的不同，会影响到植物的布局。除此之外，它还会决定所选用的植物颜色。在阳光饱和的晴朗地域——例如，地中海——就会使用较浓烈的颜色，因为柔和的颜色在阳光直射情况下会显得乏味。在北欧，光线则较柔和且变幻莫测，因此，中间色就可以尽情地发挥作用。在灿烂的阳光下，它们较柔和的色彩并不会变淡。

在刚接手一个新地块时，建议设计师在一天中不同的时间去体验一下，去发现光区和阴凉区，以及适合栖坐的地方。在那些特定的区域，设计师可以利用对光的特性的敏感度，确定出物体的位置以及种植计划。在观察了阴影在不同表面上的散落方式后，设计师就可以确定出需要使用哪一种材料。例如，在铺设一条碎石小径时，这里有许多种碎石，有些是受到河水冲刷而形成的鹅卵石，有些是来自采石场的有棱有角的碎石，每块石头都会有不同的特质。当光线投落在它们身上时，较大的石头会生成多重阴影；黏合型的碎石因为含有较多的黏土成分，比较光滑，阴影打在它们的表面上时，也会显得比较平和。

（二）利用光线和阴影设计园林

较大的园林设计可以分成一系列的“花园房”，根据它们的大小以及周边植物的高度，充分而有效地利用其中的光线作用。高大的树篱往往会引发一种私密的围合感，使光线变得细窄的同时，还可以创造出一个阴影区域。更开放的围墙往往能够让阳光倾泻进来，从一个区间走向另外一个区间时，人们会形成各种不同的感受。徘徊于西班牙格拉纳达阿尔汗布拉宫的庭院和花园中时，人们会获得极高的精神享受。每个庭院都有强光区和阴影区，它们之间通常由走廊相连，这些走廊有的是开放式的，有的是柱状的。对于伊斯兰园林而言，水是非常重要的，它可以在经过精雕的石块上映射出水面的层层涟漪。

阿尔汗布拉宫代表的是“人间天堂”，它利用围墙将各个空间分成不同的区域，利用水道、水池与喷泉把水域设置成不同的主题。“天堂”这个词来源于古波斯语，意思是“封闭花园”。

利用园林中的光线来创造氛围，这种感观方面的设计往往会被忽视，这可能是因为需要花费时间去观察日常的变化。当你注意到某种植物在特定的位置能充分利用阳光时，你就会重复种植这种植物，使得这种效果最大化。在中午时分，光线过于强烈，会使得颜色变得乏味单调。但在日出和日落时分，太阳会把植物枝干和叶子上的每一个细小绒毛都照映出来。在秋天和冬天，当阳光照在叶穗上时，草地看起来会特别明媚。在傍晚余晖的照射下，紫色和红色的叶子会呈现出一种宝石般的光泽。美国红伊、血色酢浆草的红宝石色中脉、呈波纹状的紫色大黄叶子和岩白菜的深紫红色叶子，在光的照射下会变得光辉璀璨。这种变化正是专业的园艺摄影师在日出与日落时分精心捕捉到的。

通过这些观察，设计师就可以确定出植物的具体位置，使得人们从长椅或者透过房间窗户就可以看到这种耀眼的效果。还要考虑到阴影的散落点也会影响树木的位置或者修剪的位置。透过整齐的树干投射出的阴影，在草坪上创造出纹理。在一天中，一个修剪成形的植物可以充当一个日晷，让我们感受到时光的流逝。

（三）利用人造光设计园林

月亮也会投射阴影，但是一般来说，由于受到光污染的影响，已经不太可能看到这种比较微妙的光照效果了。现代社会可以充分利用人造光创造一种与众不同的魔法般景象，将花园变作一个戏剧化的空间，向我们充分显示出白天所看不到的景象。向上照射的灯会让白桦树干上的每一个纹理都充分显现出来，水面所能够呈现出来的是一种超凡脱俗的感觉，蜡烛在玻璃容器之中也会闪烁发光。整个花园在这里都变成了一个表演空间，像一个等待某些剧情会发生的剧院布景。被照亮的花园给人的感受与白天完全不同。城市的屋顶花园可以充分利用灯光来营造户外就餐的场地。和日光不同，园艺家能够非常准确地选择需要照明的位置，照亮观赏植物，将光投射至树丛中，同时，还可以充分利用照明使得水面显得更具动感。设计师拥有完全主控权，和自然采光以及天气没有关系。

二、色彩的搭配原则

色彩使花园富有生机和充满活力，也可以使它宁静祥和，还可以使它和谐低调。这些色彩不仅可以从花卉中找到，在叶子、干茎、果实、种子和树皮中也可以找到。它会随着光照、季节、时间的变化而发生变化，可以营造出不同的氛围，激发各种情感。

艺术家都对色环图很熟悉，它把各种颜色放在一个圆上，以此来显示它们彼此的关系。红、黄、蓝这三种基色是纯色，并不是与其他颜色混合生成的。橙、绿、紫这些二次色则放在纯色的中间。同时，这里还有六种三次色，如红橙色、黄橙色等，它们之间存在更加微妙的变化，是由原色和二次色混合而成的。对称六色轮是德国艺术家、作家歌德（Johann Wolfgang von Goethe）为他的著作《色彩理论》设计的，并且对特纳以及后来的康定斯基（Kandinsky）等一些画家产生了影响。

（一）色彩的和谐与对比

色环的知识对园艺家来说是非常有价值的，它可以作为一个组合植物种属的指南。在这个色环中，你可以凭借直观感受去选择可以组合在一起的颜色，使其协调和谐。柔和的淡紫色、粉红色和白色会令人心灵宽慰，因此，把猫薄荷的蓝色、黄葵的粉红色、大波斯菊的白色和薰衣草的紫色搭配在一起很少会出错。这是一种安全的搭配，这些颜色会让人感到舒服，给心灵以平静与宽慰。

然而，熟悉这个色环就意味着你可能尝试使用对立色。对立色又称互补色，是指色环任何直径两端相对之色。当被放在一起时，它们就会得到平衡，同时变得有生气。根据我们所说的同时对比，橙与蓝、红与绿、紫与黄的亮度似乎增强了；在某种背景下，一种颜色似乎会发生变化。三色旱金莲是一种具有火红色彩的旱金莲属植物，在紫杉树篱那绿幽幽的颜色的映衬下，它那犹如红辣椒般的色彩是那么热烈。“路西弗”香鸢尾就是这样一种引人注意的植物，它不仅拥有鲜艳的红橙色花朵，同时还拥有繁茂的绿叶。

罗斯玛丽·韦瑞（Rosemary Verey）在设计格洛斯特郡巴恩斯利庄园的著名金链花通道过程中，就充分利用了黄色与紫色形成的补色。在这里，高大的葱属植物基本上都能够触碰到金链花垂坠的花朵，它们之间可以称得上是争奇斗艳。其他补色同样也十分生动活泼，比如把蓝色与橙色放到一起的时候，那才称得上真正的漂亮。在春天，我们能充分利用橙色郁金香和蓝色勿忘草的组合去实现这两种颜色的搭配。

在英格兰诺森伯兰郡，赫特顿家族公园中一个小花园的设计灵感来自20世纪善于运用色彩的画家克利和蒙德里安的作品。蒙德里安利用黑色线条把空间划分成为不同尺度的正方形和长方形，他的作品已经对支持这种充满惊喜的强烈设计理念产生了影响。这种设计取消了只能从一侧观赏的花境，而引入大致成直角的路径，并且穿过以颜色为主题的种植，创造出一种感观体验。

在这个花园中，颜色有一种微妙的含义，它们代表着一整天的时间流逝。这种象征主义从17世纪房屋墙壁上逐渐蔓延，各种颜色在花园中铺展开来。最靠近房屋的是柔和的黄色、粉色、奶油色和曙光白色。色块密集地集中在一起，种植床上的橙色和蓝色显得勃勃生机，让人联想到晴空中太阳当顶的景象。最后是强烈的日落的颜色：红色、黑色和深紫色，每侧都有较冷的蓝色和银色。这就好像是一幅铺展在地面上的画卷，从二维转变成了三维，但是它会随季节的变化而不断演变。

不仅是从侧面去欣赏花境，而更多的是要身临其境，这种观点一般支持着草原种植与新自然主义运动的风格。它采用多个视角，趋向于利用大区块和单一颜色进行渲染，常常是看上去就仿佛在利用大量的紫色、粉红色、红色或黄色、橙色、杏黄色，绘画前，画家就已经在画卷中刷满了非常厚重的水彩。在季节变化方面，随着秋天的脚步不断临近，花朵让位于更为重要的种穗，宿根花卉和草类所能够呈现出来的沉稳棕色、赭色、铜色与米色同样也是一种美。

（二）单一颜色的利用

享有盛誉的园艺家格特鲁德·杰基尔（Gertrude Jekyll）喜欢设计单一颜色的花园，这些花园中都有一个颜色占据主导地位。但她宣称，为了一句话而破坏一个项目是不值得的，即使有人极力强调要在蓝色花园中巧妙地安插进互补色，我们也无须过于严格地执行。在一个从杰基尔那里获得灵感的浪漫主义花园中，有限的色调可以表现得一样好。限制颜色的方案可以适用于较小的城市空间，或者在一个较大区域内创造一种整体感。一种特殊色彩所具有的特性会影响我们的情绪：热烈的颜色——橙色、红色和黄色，都会让人感觉到欣欣向荣，富有动感，并令人心情愉悦；冷色——紫罗兰色、浅蓝色、绿色则是宁静温和的。它们能安抚人的内心，并且使得花园看上去要比实际大。人们用眼看的时候，暖色是进，冷色是退。

现在要提到的就是白色。肯特郡西辛赫斯特城堡花园就是利用极浅的颜色——银色、白色、绿色和灰色，为多个白色花园开创了新风尚。在晚上，白色开始真正展现作用，在暮色或者月光的映衬下，白色会闪耀出迷人的光芒。夜来香的黄色也会产生同样的效果，它那夜间开放的花朵在暮色中也会散发出光芒。曾经有一个英国家庭，正是因为他们花园的道路两侧种植了夜来香，他们才得以在夜间找到藏匿在花园底部的防空洞。

单一颜色的对立面就是混合花园的缤纷繁杂。对于单一色彩而言，任何事情都有可能会产生，这也恰恰就是它的魅力所在。它会使人时刻都感受到惊奇，那里不只是存在自然播种的植物，并且还基本上是将所有的颜色集合在一起。这可能会使人稍微感觉有一些突兀，但是我们的眼睛可以非常快速地转移注意力，寻找一个比较令人愉悦的组合；这种随意的组合会让人感受到自由与奔放，就好像是被泼到帆布上的颜料一样，形成了完全意想不到的颜色组合。

强烈的色彩尤其适合用于热带气候条件下。建筑师史蒂夫·马蒂诺（Steve martino）在设计过程中喜欢用强烈的色彩，并能够起到非常大的作用。他往往会在房屋的周围利用荒漠生态学，将沙漠植物所特有的颜色涂于墙上。在这种强光下，阴影与墙上的黄色、红色、橙色以及深蓝色等形成鲜明的对比，使人能够感受到时光在不断流动。他对颜色的敏锐捕捉，使他的花园显得非常大胆而且富有极大的吸引力，并且还和整个景观完全协调一致。

（三）纯绿色的巧妙利用

绿色提供了一种非常经典的背景，在这一背景下，我们能够看到非常多的其他颜色，这也就是它需要单独设计一个区域的主要原因。从非常浓郁的叶绿色到针叶树十分接近黑色的墨绿色，绿色调会变得跨度比较大。通常我们用于描述色彩的许多词语均是衍生于植物，如苹果、橄榄、蕨、柠檬、开心果、芦笋、薄荷和菠萝等。

绿色也属于一种能够抚慰人心的色彩，它被认为能够减缓人的心率，降低血压。据说，它还能够促进平衡，减轻压力，放松肌肉，减缓呼吸的频率。与其他的颜色相比而言，它更能将我们和自然界联系到一起，对人们的情绪也具有非常好的抚慰作用，因此成了现代医院中最优先选择的墙壁颜色。绿色也可以让人进入冥想状态，这也使得它逐渐发展成了日本寺庙园林设计过程中十分重要的元素。如京都西芳寺的苔藓园里的120多种苔藓构成的宁静美。在寺庙中心，这些苔藓围绕着金色池塘形成一片比较宁静的绿色风景。作为一个漫步园林，它在设计上的初衷就是供人冥想，池塘的形状代表的是日本字“勇气”或“志气”。

将树木修剪成云状，也被人们叫作“云片修剪”，这些树现在也被人们称为“庭园树”。这种高度程式化的做法是充分利用修剪的树木与灌木，让植物形成独特的美感。树干以及树枝支撑起了圆形的雕塑形状。在雪后，这种形状会显得十分醒目。现在，它被全世界的园艺家争相使用，在大量的植物品种中加以试验。很多植物在冬季会进入休眠状态，而如灌木修剪法一样，修剪成云状的树木则给冬季的园林带来了一丝比较真实的存在感，同时也使人们能感受到岁月和永恒。

灌木修剪法最初是起源于罗马园林的一种典型的欧洲修剪风格。如托斯卡纳别墅花园中所有人工形状的方尖塔、动物、数字、船只和夹框中的题词等。英格兰奇切斯特附近罗马宫殿的发掘，揭露出了规整式树篱的格局，它利用框格重现了一种精美的图案，并且让人感受到了原始罗马花园的气息。

绿色雕塑园会让人感觉到非常可靠和安心，这在一定程度上是因为大面积绿色的存在。绿色不会使眼睛疲劳，它那令人镇静的特性使得它成了五颜六色的花朵的极佳背景。在英格兰坎布里亚的利文斯庄园中，可追溯到17世纪90年代的夸大且疯狂的修剪形状为规整的、带有明艳色彩的园林设置了一道古怪的背景。修剪形状随着时间的推移不断发生着改变，演变成了很受欢迎的抽象化形状，屹立在这个历史性的建筑花园里。这些绿色植物的雕塑品，古怪且富有趣味。

绿色花朵同样也具有典型的趣味性特征。它们会给人以惊喜，具有一种非常典型的吸引人的特性。拿绿色的玫瑰车前草——大车前草为例，它就具有一种奇怪的形状，深得那些经常寻觅稀有植物的仿中世纪风格园艺家的喜爱。像圆形的绿色玫瑰花状的部位实际上是大量的苞片，在修剪过后凸显出的却像是花瓣。因为那并不是真正的花朵，因此，它们在花园中可以维持更长的时间。我们可以利用大戟、贝壳花、百日草、藜芦、黄雏菊、剑兰、绿菊、羽衣草和花烟草，在这些稀奇的绿色花朵周围做出边界。春天到来时，绿色的报春花以及白色的和绿色的郁金香旁边，瓣苞芹绽放出精美的花朵。

绿色不再只是局限于花园，它可以包围房屋、屋顶以及院墙。高楼大厦破坏了我们的生存环境，绿色则弥补了这一不足，绿色植物的覆盖可以舒缓我们的视觉疲劳。尽管这种观点要回溯到巴比伦空中花园，但实际上，这还要归功于现代科技。法国植物学家帕特里克·布兰克（Patrick Blanc）在水系统的利用上有所创新，他利用水系统为墙面上的植物提供水和养分，这样不仅改变了城市大楼的样貌，还保持了空气的凉爽。对于过路人来说，一墙绿色会让心情平静下来，并舒缓紧张的神经。与之类似，草皮屋顶或者其他的绿茵也拥有疗愈的特性。

不同形式的绿茵是许多花园的重要组成部分，但最近人们开始对地形产生了兴趣。这些被绿茵所覆盖的地面雕刻品就是中世纪园林中小山丘的现代阐释，或者是18世纪景观的变形体。它们会引入全新的艺术观赏之道，经常看上去比较有趣，令人视野开阔，其中会有凸起的草皮图案，也可能在地面上创建新物质形态。在英格兰鲍顿公园(Boughton Park）中，金姆·威尔基（Kim Wilkie）对18世纪的山丘做出了回应，实现了当代设计与传统设计的互相融合。山丘的正面变成了深入地下7米的倒金字塔，绿色的地形变成了一个容纳水的容器，水面像镜子一样把天空倒映出来。

绿色的抚慰效果使得这个丛林秘境变成一个令人喜爱的小空间。在高大的遮蔽墙之内，我们可以创造一个属于自己的绿洲，以多种形态存在的绿色把喧闹的世界阻隔在了外面。棕榈树、香蕉树、蕨、新西兰麻和竹子都可以被用来创造一个热带天堂，在这里，叶子远比花朵重要。

在园林的设计过程中，无论是选择单一颜色还是选择多种颜色进行搭配，设计过程中都会因为色彩的存在而变得生动且有无限的活力。

第二节　形态与纹理结合原则

在生长季节，花开花谢，色彩也跟随着变化不定。形状和纹理会随着叶子的舒展而变化多端，多年生植物的枝条会向着太阳伸展，园艺师就要对其进行修剪。有些修剪更多的是依赖形态和纹理，而非花朵。

一、形态原则的应用

园艺设计师常常会谈论到植物的形态，在这一基础上，植物形态主要是指它们的体积与形状，它们的结构以及完全不同的特性。一棵树或是灌木或许就是比较容易低垂的、笔直的、柱状的、扭曲的等，也可能是平顶的、连贯的、拱形的甚至是蔓延开来的，植物形状所表现出来的多样性，会给我们提供极大的创造机会，使我们能够在园林中尽情地去创造。

（一）植物的形态

在充分利用两种不同的植物形态，也能制造出一种使人赞叹的并置效果。不同尺度的修剪球和桦木树的直立树干形成比较鲜明的对比，给人的视觉带来不同的刺激反应。同时，它们彼此之间形成一种较为典型的错落有致、互相重叠的景象。圆润的轮廓与垂直的树干通过这类混杂的纹理得到进一步的增强，薄薄的白桦树皮上同样也分布了大小不一的裂纹，修剪球上散布两种尺寸完全不同的叶子。

形态不同的草本植物，它们的茎秆与叶子在结构上是极为繁杂的。每种种植床上的植物分类都是一幅小型的图画，在确定好种植的位置时，就能凭借直觉，将植物来回移动，留意最佳的形状搭配。一个比较鲜明的对比形状与叶子会生成十分生动的图画，而相似的形态则会形成典型的宁静美。

确定单株或者群体植物的外形主要是指从植物整体的形态和生长习性综合考虑其大致的轮廓。植物在外形上基本分为以下几种：纺锤形、圆柱形、水平展开形、圆球形、尖塔形、垂枝形和特殊形。

和春、夏、秋三季相比较而言，树木的色彩往往在冬季显得非常单调，而枝干的线条结构则成为构成景观效果的重要组成部分。

（二）树叶的形态

在我国的温带地区，树叶类型主要可以分为三种形态：落叶型、针叶常绿型、阔叶常绿型。每一种类型又都具有各自的独特性。

1. 落叶型树叶形态

落叶型植物是温带重要的植物，其最为显著的功能就是能够进一步突出强调季节的变化。它们的叶子在冬季凋零光秃之后，枝干呈现出一种独特的形象。

2. 针叶常绿型树叶形态

针叶常绿型植物叶子的颜色相对于其他树叶而言，是较暗的绿色，显得比较端庄、厚重。通常都是做群植类型，用于浅色物体的背景衬托。针叶常绿植物的树叶密度大，而且没有明显的变化，色彩表现为常绿色，所以在屏障视线、阻挡风力等很多方面都是十分有效的。

3. 阔叶常绿型

该植被的分布区气候温暖，四季分明，夏季高温潮湿，冬季降水较少，是我国亚热带地区最具代表性的森林类型，林木个体高大，森林外貌旧季常绿，林冠整齐一致。壳斗科、樟科、山茶科、木兰科等是其最基本的组成成分，也是亚热带常绿阔叶林的优势种和特征种。在森林群落组成上，更趋于向南分布的水热条件越好；在偏湿的生境条件下，樟科中厚壳桂属的种类更为丰富。常绿阔叶林树木叶片多革质、表面有光泽，叶片排列方向垂直于阳光，故又有照叶林之称。

二、纹理原则的应用

（一）纹理的基本内涵

纹理是植物的表面特征，它是影响光的交互作用及树叶上的影的因素。它是可见的，同时也是可触摸的。

纹理不仅存在于叶片上，同时也存在于树干、种子穗、根或茎上，它们都会为我们展示大量的纹理。西藏樱桃红褐色的光滑树皮、毛百里香的舒展叶片、月桂树富有光泽的叶片或者桦树那剥离的树皮，都增强了我们对于自然界的喜爱。

纹理甚至会存在于花朵中，比如红色或蓝色鼠尾草那毛茸茸的花朵。海滨刺芹花朵上坚硬的顶端排列着放射性刺毛，与柔软的多年生植物形成了鲜明的对比。

（二）纹理表面的相互作用

要想比较巧妙地设计一座园林，就需要打开设计的思路，保持一种比较敏锐的感觉与观察力，观察表面和表面之间存在的相互关系，并且还需要不断去尝试不同的形状搭配。例如，把一片叶子放在另一片叶子上方，这同样也是一种非常重要的实验方法，设计者可以由此制造出一个完全不同的纹理搭配形式。叶子的纹理或许是光滑的、粗糙的、齿状的，也可能是柔和的、多毛的、褶皱的、多刺的。不同形态和纹理的叶子都可以很好地反射光，以不同的方式制造出一定的阴影效果，增强人们的感官刺激。

不同形态和纹理的植物，搭配适宜便可以创造出一幅独特的画面。例如，在莨菪极为醒目的叶子或者刺棘蓟银色的枝叶衬托下，草地和草原植物更加勃勃生机。

精美的窗饰植物，比如，广受欢迎的波纳马鞭草、拥有蕨类叶子的文竹或者一年生植物大阿米芹，对于引人注目的大叶片多年生植物来说都是完美的搭配，我们可以将光滑与粗糙、粗犷与精致、尖锐与圆润搭配在一起形成对比，增强花园的感觉和气氛。

这些有趣的组合创造出了一幅幅迷你图画，多样性刺激着我们的眼睛。粗犷的玉簪叶子为精致的长茎毛茛创造了一个波纹背景，新鲜的绿色茴香花纹与醒目的鸢尾花叶子形成对比，光滑的草地纹理与紫锥菊的锥形紫花进行了互补。这些纹理上的对比为花园带来了动感。随着视线的转移，风景也发生着变化，近距离欣赏时，我们可以看到某个表面与另一个表面互相搭配的效果。当我们退后时，我们的视线就会发生变化，会看到叶子的规模效应。

淡褐色的欧洲榛子树极度扭曲的枝干在树叶都脱落时会展露出最好的风采，特别是在冬天，积雪覆盖在奇形怪状的扭曲树干上，景象异常优美。它的花絮和嫩叶看上去也非常迷人，但一旦叶子成熟，它们就会长有粗糙的纹理，卷皱的树叶会把枝干包覆起来。这就是一个有着好形态又拥有糟糕纹理的例子。因此，这种奇妙又难以捉摸的树最好栽种在夏天能够开出花的高大多年生植物后面。

第三节　节律性与均衡性原则

一、节律性原则

不断重复的线条和形状一般也能够形成一定的节律特征。节律感往往体现于细节之处，花园及各种元素之间组合的方式中，也能表现出较强的节律感。比如，菜园中成垄的韭菜能够形成典型的波动起伏线条律动，龙舌兰张开的叶子也可以形成比较醒目的形状。这些都是比较容易形成节律性形状的植物品种，可以供人们在园艺的设计过程中进行选择和使用。龙舌兰与芦荟的红色尖端能够形成的规律性序列，属于植物内重复形状的典型范例，它们一般都能够创造出一定的韵律。

（一）重复性节律

节律通常分成流动的或间断的、受控的或自由的、不连贯的或流畅的。我们通过同一种植物的持续重复的形状、树木的枝干去实现这一重复。巧妙地设置重复的形状，会将我们的眼睛引往一个焦点或是引导我们环顾整座园林。依赖简洁性和一致性的现代种植，经常会使用有节奏的重复。詹姆斯•亚历山大•辛克莱（James Alexander Sinclair）在苏格兰布特岛旅游中心的旁边设计了一座现代公园，这个园林的设计灵感来自一枚展开的回形针，重复的草地以及多年生的植物之间形成了平行线。

（二）创造动感节律

有些草原植物尤其可以显示出疾风掠过花园的情形：草面波动比较大，茎部也会弯成弧形，顶端则会随风摇动。如珍珠菜、马鞭草、轮峰菊、绣线菊以及一枝黄等多年生植物品种，都会随风摇摆，进而制造出典型的动感。受到空气流的深刻影响，那重叠的层次时刻都在运动过程中，花园也由此会变为一个动态的雕塑。这些捕风植物将天气纳入我们所留意的范围之中，透过窗户，我们能够根据草地的动向去估计外面的场景。这些植物也让正常情况下无形的东西变得有形了。

除此之外，还可以使用一些弯曲的形状创造出动感的形态，例如，设计师可以在草地上布置植株稍高的草，以便和紧贴地面的草分开，同时设计好一个蛇形的草列，也能出现比较典型的动感节律。

（三）利用水与石头制造节律

能形成一种新式的可视听节律。就如同有一些植物能够被用来捕捉风一样，岩石、石崖或是卵石都能阻断水流，描绘出一幅非常美丽的动态图。充分利用自然材料或是人工材料，水就能够被用于创造出完全不同的节律，使花园充满了富于变化的动人气氛。

充分利用石头可以很好地模拟出水的流动感。扁圆石板或者扁长的卵石可以很好地创造出最佳的节律，当它们紧挨在一起时，也会比丰满的卵石更具有流动性。此外，在设计花园的时候，植物、阴影也能使我们产生更多新奇的体验。

（四）树篱制造律动性

流动感也能够在树篱中被很好地效仿。树篱常被用于某个几何形状的外围边界，它们也能从这些限制之中进一步解放出来，创造出精彩的自由流动形态，和远处的风景相呼应。

在法国鲁昂附近的普占姆花园（Le Jardin Plume）中，帕特里克和西尔维·基贝尔（Sylvie Quibel）将树篱修剪成了波浪形状，让我们联想到了海豚的鳍或者龙舌兰的刺。树篱在茂盛的多年生植物和草类中间蜿蜒前行，塑造出了曲线，并为自由种植的植物带来了一种牢靠感。这是草原种植与之前法国花园规整式结构的完美结合，是几何图形与混乱状态的一种搭配。

材质不同，其重复线条往往也会在花园中创造出一定的节律性。水平编织的柳树篱带或是边上栽有薰衣草的竖直尖桩篱栅，会将我们的视线引往不同的平面。

二、均衡性原则

（一）对称均衡

凡是由对称布置所形成的均衡都可以称之为对称均衡。对称均衡源于人们的心理层面所形成的理性、严谨与稳定感。在园林景观构图中这种对称布置的手法往往都是用于陪衬主题的，如果处理得恰当，也会让主题变得更为突出、井然有序。如法国的凡尔赛公园，显示出的就是由对称布置形成的非凡之美，成了千古佳作。

（二）不对称均衡

自然界中，绝大多数的景物都是以不对称均衡的形式存在的。所有的景物小到微型的盆景，大到整个绿地或者风景区的布局，都能采用一种典型的不对称均衡布置设计，给人一种非常轻松活泼的美感，充满了典型的动势，所以也可以称之为动态平衡。

自然界的物体因为受到地心引力的直接作用，为了维持自身的稳定，靠近地面的部分往往大而重，而在上面的部分则小而轻，例如山、土坡等。从这些物理现象中，人们产生了重心靠下、接地面积大可以获得稳定感等概念。园林景观布局中的稳定，是相对园林景观建筑、山石和园林植物等上大下小所呈现的轻重感的关系而言。

在园林景观设计布局上，往往在体量上采用下面大、向上逐渐缩小的方法来取得稳定感，中国的古典园林景观设计过程中建造的高层建筑，如颐和园的佛香阁、西安大雁塔等，都在建筑的体量上从底部比较大依次向上递减缩小的，让重心尽量变低，以便能够获得结实稳定之感。

此外，在园林景观建筑和山石的处理方面同样也会充分利用材料、质地所带给人的各种不同的重量感去获得有效的稳定感。如园林的景观建筑基部墙面大多使用的是粗石与深色的表面处理，而上层部分所采用的是一些比较光滑或者色彩比较浅的材料。在带石的土山上面，也常常是将山石设置于山麓部分而给人一种典型的稳重感。

在很多优秀的传统园林设计和建造过程中，都会使用一些对称式的建筑物、水体或者栽植类植物，以便能够形成一种典型的中轴线，保持其稳定、均衡、庄重。在一些比较特殊的场地或者环境影响下，仍需要保持一个稳定的格局，采用拟对称的设计手法，在建筑物的数量、质量、轻重、浓淡方面形成典型的呼应效果，从而达到一种活而不乱、庄重之中富有变化的效果。

北京北海公园的五龙亭，就属于平面上的对称式布局。在景山上，万春亭等五个主要的亭子则不只是平面上具有对称性，而且在立面上同样也有高低、大小的区分，不仅表现了典型的主从关系，同时还保持了稳定性。

北京的颐和园自东宫门进园，就是一系列比较对称式的布局。扬仁风是一处非常幽静的小院，也属于很典型的对称式布局，后山非常自然的环境设计中，如构虚轩、绮望轩都属于典型的拟对称式布局，这种设计要比完全对称式的东宫门一带的建筑群更显得活泼、自然。

一般重心最低，左右对称才会展现出典型的稳定之感。园林之中的建筑往往是从屋顶到台基都根据上小下大、上轻下重、上尖下平的基本造型采用了保持静态下的稳定。在园林设计之中，往往也会有以山石堆成“悬挑”形式或者在水边种植树冠垂向水面的树，都可以称得上是动态平衡。

第四节　新思想与影响的原则

巧妙的园艺设计分为多种方式，其中起决定性作用的原则是注重刺激你的想象力去思考如何让你的花园反映出你的个性。你可能喜欢一种更加规整的风格，也可能喜欢一种怪诞的方式。或者，你也产生过在交通岛上修建一座花园的想法。

然而，不管花园表现得多么自然，它终究还是一种人造的环境。潮流趋势来来去去，在历史的长河中，正式与非正式、有序和自然主义等各种风格兴衰起伏。在现代社会，用新思想和影响的原则创造出来的园林景观，大多能满足现代人的生活和休息、休闲需要，主要包括下列几方面的内容：

一、新自然思想

（一）新自然主义

仿效自然植物群落的实验产生于生态系统，并且对自然景观感兴趣。园艺者根据植物的所在地观察它们的生长方式，并尝试仿效它们的生存环境。最具试验性的一次仿效就是基思·威利（Keith Wiley）在英格兰德文郡打理出了一块 4 英亩的地块，他利用挖掘机在地面塑造出了深深的沟壑、土丘、山脊和蜿蜒的小路，创造出了一系列在深度和高度、方向和水平面上都有所不同的迷你景观。某些位置的高度差能达到 25 ～ 30 英尺。由此形成的微气候可以允许他种植多种植物群落：高山植物、岩石植物、沙漠植物、草甸、沼泽和草地。他称其为“新自然主义”。

多年生植物和球茎植物互相交织地生长着，如同在大自然中一样，完全脱离了色环盘。基思是从加利福尼亚、南非、地中海的克里特岛和美加边境的矮小林地中获得的特殊灵感。植物并不是必须来自这些地域，而是更多地要体现出每个地区的精髓。如果感觉对，他就会种植，如果那里有一本规则手册，肯定早就被他扔到窗外了。

基思·威利把平地转变成山丘和峡谷是一种极其不寻常地对待自然植物的方式。园艺者经常会根据土地原貌来种植植物，尤其是在岩石区。在瑞典湖边地带的乌尔夫别墅，岩石凸出在地面上，平静的野生花园与地衣覆盖的岩石和原生草种融合到了一起。这是一种温和的园艺，在那里，你很难区分开原有的景观与后来引入的种植。

从野外寻找灵感的园艺师必须观察那些拥有美丽景色的自然事物，比如英国农村像山楂花一样在5月开花的野生欧芹，南非沙漠中突然盛开的花朵或者奥地利油亮的高山草甸。这些自然出现的“花园”是由许多颜色组成的，就像是一个混杂的村舍花园。然而，它们是那么浑然一体，不存在任何的冲突。它与传统的经过精细颜色规划并有颜色限制的绿草带是完全不同的。

在允许这些植物自由生长时，就进入一种受控状态的繁杂之中，在那里，混乱的自播植物、喜欢蔓延的飘浮植物都会让人感受到快乐。种子穗在整个冬天都在那里，给昆虫和野生动植物提供保护，为晶体的霜提供装饰结构，而且它们可以自由地播撒种子。这些未经规划的植物组合经常会给人带来意想不到的欢乐。

（二）征服大自然

另一个极端的思想就是控制。无论是在像法国的维朗里德城堡这样伟大的历史性规整式园林中，还是在现代的设计过程中，我们都能够看见人们将自己的意愿强加给大自然的行为。极简主义的种植通常依赖几个比较关键的元素，并且还要依靠重复去创造强烈而且比较简洁的外观。草类与仙人掌由于其动感的形态而更加适合于这类设计。它们的形状遵循着规律的模式，这也是对大自然进行控制的最有力的证据，但是这也属于一种典型的悖论，因为设计者常常都是从当地的环境中选择一些土生土长的植物。

在美国西南部的一些地区之中，景观常常是一种主导性的力量。在这里，建筑师与景观设计者坚持单一的形态，他们充分利用了当地的植物建立起了野生植物与栽培植物间的对话。景观建筑师史蒂夫·马蒂诺（Steve martino）在墙壁与户外空间使用的都是十分鲜艳的色块，这和仙人掌、肉质植物以及它们阴影的大胆形状都形成了典型的反衬关系。无论是干燥的景观还是花园空间，每一个视角都被仔细地进行了设计，形成了一系列的图画。他的设计同样也应用于沙漠环境，重点强调的是沙漠植物群的宏伟形状，但是整个设计同样也受到控制，仙人掌在生长过程中有规律地排列着，架构出了完全不同的视角。

规整式的现代园林设计依赖非常强烈的轴向线对称性，这些轴向线形成的几何图形会创造出一种比较典型的平衡感。

对于种植而言，只有少数几个种类才能够形成束缚的效果。植物形状的选取十分重要，而不在于植物的种类。流动性种植的某种草类、巧妙种植的树木、水景设计以及一些雕刻的简单线条，都能够营造出十分强烈的视觉感，所有的品种与变化特征都处在一种杂乱无序或者被管理的状态。

二、造型设计新原则

（一）新造型设计

因为私人花园会随着时间的推移不断发生演变，因此，灌木和树篱会逐渐变得残缺不全。当它们发展成为像面团似的古怪的雕塑形状时，形成的不平衡或者隆起的形状就需要被修剪。常绿灌木可以被修剪成形，用来表现一只鸟或者动物的轮廓，或者是被修剪成孔雀的形状，而这只孔雀有可能随着岁月的流逝发生变形，变成凭借想象才能识别出来的鸟。鸟类在修剪法中特别受欢迎，因为当它们被塑造出来并坐落在其他修剪的形状上时，会显得非常生动。

花坛和紫杉长期以来都是用来修剪的绝佳对象，但这里还有其他可塑的植物。某个架构周围种植的常春藤可以生成一种快速生长的人造园林，或者被倚着墙严格修剪成奇特的形状。它可以被塑造成墙面的装饰，纵横交错形成网格或者被塑造成为心形。火棘那致命的刺可以通过紧身修剪得到控制，它可以倚着墙被塑造成流线型，围绕在窗户或者门的周围，或者形成一系列平行的线条。

（二）短暂造型效果

花园永远不会保持不变，有些花园要比其他花园发生更彻底的变化。正是这种暂时性，使花园不仅不会显得沉闷，反而会转变成为一种艺术形式。有些园艺师会把这种暂时性发挥到极致，在花园的背景下创造出转瞬即逝的效果。

也许其中最短暂的作品——英国人克里斯·帕森斯（Chris Parsons）的作品只有非常少的人看到过。他首先在黎明时分利用了一种露刷技术，这种技术来自温布尔顿草地保龄球场、高尔夫球场和网球球场，用于预防真菌病害。他用一个宽刷子，在清朗的早晨在秋露中扫出各种图案，利用闪闪发光的带有露珠的草和较暗的刷区制作出对比条纹和旋涡。他的作品数个小时内就会消失，因此，他把它们用照片的形式记录下来，这种把短暂的时刻记录在案的方法与理查德·隆（Richard Long）、安迪·高兹沃斯（Andy Goldsworthy）等艺术家的作品中短暂的大地艺术相似。大地艺术记录了运动、变化、脆弱、衰变和光，让我们重新认识了自然世界。这种容易消失的艺术形态同样也可以被应用到花园中。

艺术家史蒂夫·梅萨姆（Steve messam）专门从事特定场域的装置艺术。2010年夏天，他为英国湖区一所工艺品房子布莱克威尔（Blackwell）周边的草坪创造了一种“环境蚀刻画”。“草坪纸”是以威廉·莫里斯（William morris）的墙纸设计为基础，上面的旋涡图案一般都是仿效某些自然形态——树叶与花朵。这种梯田草坪上的短暂介入往往都是通过选择性的着色与修剪创造出来的，自然生长为草粉饰上了完全不同的色调颜色。它重点强调的是莫里斯在工艺品运动中的中心角色，而且还忠实于它成立的思想体系。这种短暂的艺术品往往也能够使观看者以一种比较新鲜的方式观看花园与房屋。

梅萨姆设计的某些作品是通过一个小手推式剪草机去实现的。通过调整剪草机的高度，尽情地发挥创造的艺术想象力，不受上下条纹产生的约束，草坪被赋予各种短暂图案。一系列动感的线条顺沿边界的边缘，将人们的视线引向远方，重点强调的是地面的流动感。魔幻迷宫只有一条没有岔路的道路（和多条道路的迷宫是相反的），它在很长时间以来都是被用于帮助人们冥想的。从中心点开始利用一种简单的绳子打结方法，可以通过调节割草机刀刃的高度在草坪上切割出一个魔幻迷宫。每年，一个完全不同的设计都能够将简单的草坪变成一个可以引人沉思的经典魔幻迷宫，人们往往也会在沉思过程中不自觉地走向它的中心点。

草坪是十分容易用于创造图案的。高度上出现的小变化会形成完全不同的色调、阴影以及纹理。草坪由于切割所形成的道路往往也会对人形成难以置信的吸引力，这些道路会将人们引向一个生长着草与野花的地方。切割机路径边线分明，让人感觉里面花了很多心思，我们的眼睛不由自由地会投向这幅图画。在草坪上，我们可以在享受割草的同时创造出各种图案——广场的棋盘、含有三角形的网格、圆形或者自由盘旋的图形。到了冬天，这个设计则被放置于那里，等待下一个季节的到来。

三、破旧立新的综合原则

（一）游击园艺设计原则

花园可能被轻易破坏，这也是使人感到十分辛酸的一点。开发、花园清除、所有权的转变或是天气因素等，都会非常轻易地破坏掉数年来已经达到的完美程度。这也就使人惋惜它们存在的时间之短暂。拿到一块不被人喜爱的城市空间，在非常短的时间内就将它变得非常富有色彩，这也恰好就是游击园艺师的工作。这种观点在20世纪70年代时的纽约被首次提及，那个时候，莉斯·克里斯蒂（Liz Christy）与一组园艺活跃分子将自己称为绿色游击队。寻找到被人们遗弃的地块，他们就开始猛烈地撒“种子炸弹”，其中主要包括土壤、种子与化肥。

自20世纪70年代就一直被租用的莉斯·克里斯蒂社区花园，是一个充满了生机的场所，它的前身是曼哈顿岛包厘街与休斯敦街东北角的被垃圾与瓦砾所覆盖的废弃地。当时，那里包含的野生动植物都是十分丑陋的，被人们所遗弃；但是现在，这里有树、草本植物、蔬菜、花、葡萄树以及可供人们休息的场所，成了一个真正的庇护所。社区花园使不同年龄与不同种族的人都集中在了这里，对身体与心理健康的发展都是十分有益的，也是对环境的极大尊重与直接爱护。但是，我们的城市之中仍旧有很多被人们忽略而且十分丑陋的场所，那就是游击园艺者须在合法的基础上进行开发的对象。

一般而言，现在对于园艺游击队的接受度已经非常高了，理查德·雷诺兹创作的一个项目就是在伦敦的一个环状交叉路口位置，种满了春天开花的郁金香以及夏天可以开花的薰衣草。薰衣草在收割完毕之后则会被制作成为香枕，之后再售卖，以便帮助基金得以进一步运作。

游击园艺是对那些不雅观的、废弃的城市空间进行改造的方式，但是就其本质来说，往往具有非常短暂的寿命。从“种子炸弹”中生根发芽的花卉充分利用了它们那比较短暂的色彩，让荒地变得十分生动。在地面开始建设以前，这些地块会被人们用于种植。交通岛同样也会被转变成花园，为通勤者带来了一时的欢乐。任何一座花园都可能出现改变，也可能自此消失不见，但是这些介入会带来比较短暂的愉悦，这对于种植植物者而言也属于另外一种庆祝吧。

（二）废物回收利用

园艺者总是能够充分利用现存的东西制作成各种种植植物的容器——排水管、篮筐、滤器、杯子、衣箱等所有可以使用的家庭日用品。他们会将这些作为种植植物的壁架——溢出鲜花的衣箱、运动鞋、水壶、茶壶等。地中海的橄榄油罐头好像也是一个特别适合种植罗勒与其他草本植物的容器。此外，这里同时还有栽满了景天属的老工作靴；被钉于围篱桩上，里面带有小孔的砖恰好也可以用于种植耐旱石莲花。同样地，废旧的洒水壶不再用于盛水，但是它们可以用来种植草莓。之前，“回收利用”这个词语是个常用词，这是一种不浪费任何事物的方式，同时也把一种趣味注入园艺中。

充分利用那些可能要被丢弃的东西完全是一种无意识的行为，这也正是它的魅力所在。它和民间艺术进入园林设计过程之中是一样的，都是来源于人们对单纯而且十分本能的表达上的需要。花园的建筑往往能用贝壳、卵石或者破碎的陶器制成镶嵌图案，用蓝色和绿色酒瓶底构筑墙。一旦开始应用，它们就会变得令人着迷，越来越多的元素会被添加到花园创建中。

四、新思想影响下的园林设计原则

（一）主题花园设计

花园可以围绕某个主题，可以是有教育意义的、鼓舞人心的、有独特氛围的，这使得设计有了重心。英格兰北部的阿尔尼克毒药花园里面有那种一吞食即可致命的植物，但它们仍使得游客着迷和兴奋。这个花园包含了100多种不同的植物，有些植物表面美丽，但其实是非常危险的。也许这是一个令人毛骨悚然的主题，但它按其自身的方式散发着迷人的魅力。在它那紧锁的大门内，它利用恐怖故事中的情节和意象来叙述与植物相关的传说与事实。

主题花园可以重塑一个历史时期，它可以是罗马花园、伊丽莎白花园或者边境移居者的花园。意大利境外最出色的一个罗马花园就是在葡萄牙北部废弃的科尼布里加镇发现的。在华丽的更衣室、供暖系统和镶嵌图案之间，一个重新栽种植物的花园就坐落于带有柱廊的庭院里。鸢尾花生长在由砖块组成的抬高的弧形植床上，而植床则规整地坐落于带有喷泉的池子里。那些效仿过去的花园还有某些怀旧和抚慰心灵的东西。在美国，边陲花园里有白色的尖桩篱栅、草本植物、花和蔬菜，自给自足、自娱自乐，这给人们带来极大的乐趣。

主题花园可以反映出修士宗派，比如专注于草药和治疗，或者像纽约中央公园那样栽种莎士比亚剧作中的植物。花园可以是一个故事，带给我们个体性和同一性。

（二）独特的园林设计

靠近英格兰和苏格兰边境的北诺森伯兰郡，那里有一个独特的园林，距离16世纪弗洛登战役遗址只有一小段距离。布兰科斯顿村中的水泥动物园大约包含了300座雕塑，其中主要是动物，它们被多年生植物、修剪的灌木和园林池塘包围着。沿着里面弯弯曲曲的道路闲逛是一种很奇特的经历，会偶遇丘吉尔抽雪茄的雕塑，一个长颈鹿高高耸立在你的头顶，一群羊或者骑在骆驼上的阿拉伯的劳伦斯。像最不受拘束的奇异花园一样，它纯属是用来取悦自己的一个非常个性化的创造，当然结果是令人满意的。

创造某些超乎常规的事物，这种强制的思想驱使着人们——特别是艺术园艺者，创造出更多令人惊奇的公园。这种离奇古怪的花园并不能完全归为某种特定的艺术运动或者园林风格，它们来自一个人的想象和信念。正是这种多变和古怪为巧妙的园艺带来了另一个维度。不管是一个极其古怪的花园还是一个小的搞怪细节，它都能让我们去思考，让我们高兴，让我们感到恐怖或者使我们的生活更加丰富。

园艺丰富了我们的生活，并向我们展示了如此多的种类。巧妙的花园设计会利用那些艺术工作中经常提及的元素——色彩、纹理、组成和所有其他艺术家和园艺者耳熟能详的术语。经验和技巧赋予了我们花园设计的深度，但最关键的素质就是要求我们对创作、原材料和将要栽种的植物保持一颗敏感的心。

五、新思想在设计中的运用

（一）引起追思的设计

人都曾亲身经历过的很多情景，如一次探险、一次聚会、一次庆典……仍时常会在脑海中萦回；历史上很多悲欢离合的故事也给了我们很多回味。见景就会生情，到了绍兴沈园，踏上葫芦池上石板桥，就会想起当年陆游与唐婉一段悲惨的离别。如果我们再到绍兴兰亭鹅池也许信口就会念出：“永和九年，岁在癸丑，暮春之初……”想到王羲之的很多故事，也会想到《兰亭集序》的真迹与唐太宗李世民，等等。在园林中适当地复旧一些历史的迹象，可以引人追思历史文化，也是一种审美。例如，在日本京都岚山建有周恩来总理纪念诗碑，诗词中表达了周恩来总理向往革命、向往真理的心境。诗碑四周苍松环抱，背衬几棵高大的樱花，站在碑前可以饱览岚山美丽的景色。

在英国格里姆河上有美丽的“伊丽莎白岛”，岛上有启蒙主义者的主将卢梭的墓碑，看到这个景色当然就会想到卢梭曾经喊出“回到自然”的口号。很多景色的再现，会使人们翻开脑海中关于历史的一幕，使人追思以往，得到心灵上的满足。

（二）遐想悠远

遐想悠远主要是用园林的形式引发人在无限的空间中放飞思绪，以浪漫的胸怀任心绪飞翔，放飞美好的想象。北京元大都城垣遗址公园中的海棠花溪，种植了大片海棠，石碑上刻有苏轼的《海棠》：“东风袅袅泛崇光，香雾空蒙月转廊。只恐夜深花睡去，故烧高烛照红妆。”诗人形象地把夜间赏花、惜花的心情、举止和盘托出，给人以无穷的回味，这就是一种爱的表述。

北海快雪堂内有“云起”石，高约5米。正面（南面）有清乾隆皇帝所题“云起”二字。石北面刻有乾隆所作《云起峰歌》：“移石动云根，植石看云起；石实云之主，云以石为侣。滃滃蔚蔚出窍间，云固忙矣石乃闲；云以无心为离合，石以无心为出纳。出纳付不知，离合涉有为。因悟贾岛句，不及王维诗。”表达了诗主人对大自然的美妙描述。

北京陶然亭公园内华夏名亭园中，有碧桃数株，旁有尺寸与“花径”碑相仿的石碑，碑上刻有白居易《大林寺桃花》诗。庐山花径亭内所藏花径碑，花径二字相传为白居易所书。唐元和十三年（818）白居易游览花径即兴赋《大林寺桃花》诗：“人间四月芳菲尽，山寺桃花始盛开。长恨春归无觅处，不知转入此中来。”诗人以桃花来代替抽象的春光，把春光写得形象化，美丽动人，启人深思，惹人喜爱。

当人们看到杏花，就会联想到赞颂名医“誉满杏林”的词句，也会想到古代名医董奉充满仁爱医德的故事。看到山石就能想到名山；看到水中三块石头，就会想到蓬莱、方丈、瀛洲三岛升仙的岛屿；看到松树，就会联想到“岁寒然后知松柏之后凋也”，它的苍虬挺拔的雄姿会给人一种坚贞不屈的力量；看到海棠、桃花、山石、水面就会联想到很多故事，也就从故事中得到想象的空间，找到美。在园林中普遍的现象稍有人工的点缀，就可以变成特殊的现象，这与那些利用有特点的古迹引发人的追思类似，也是园林设计者的一种技艺。

（三）整合提高

使用别处园林中的各种符号，组成一组新的园林，或是将别处各种成形的园林移来重组，这是园林中的两种整合。其目的一方面是更加集中、更加突出地表现固有的园林美；一方面是重新组合整体，使其更有新意，更具品位或特色。北京的圆明园在福海周围就有自杭州西湖移建的南屏晚钟、雷峰夕照、平湖秋月、三潭印月等景点，在整合中既仿照原来地势环境，也按照皇家园林的特点进行改造，同时添加了一些亭桥加以点缀，既满足了皇家羡慕江南园林的心理要求，又不失皇家气派。

18世纪60年代，英国受中国园林的影响，在邱园建造了中国塔、亭、桥、孔庙及假山等，虽然现在看来仍然是孤立的单体，但是，其初始未必不是想整合成中英合璧的园林。

20世纪80年代，北京陶然亭公园华夏名亭园取自我国南方，仿建9处名亭（共10亭）组成名亭园，以后又设计、建设了谪仙亭和一揽亭。

在设计中的原则是，名亭求其真，环境写其意，重在陶然之情，妙在荟萃人文。

亭在我国园林中是最典型的一种小型建筑，其数量之多、应用之广、形式之多样、造型之精美及与历史文化之关联等，为其他建筑所不及。园林中可说是无园不亭。

（四）选取典型

园林造景就是要把典型的景色凸显出来。植物配植上有使用一片纯林，也有使用典型的树丛、树群的手法。一片纯林有承德避暑山庄的梨花伴月、金莲映日、万壑松风等。北京的紫竹院公园有“江南竹韵”，以10万株竹子表现景点的特色。香山公园以大片的黄栌供人欣赏，以至形成“红叶节”的胜观。

使用树丛、树群配植，须利用植物的高低错落、色彩搭配、树形变化，使景观鲜明、生动。这种配植既要符合美的规律，在环境条件上也要满足植物生物学特性的要求。设计者要有艺术的修养和有关技能，同时又要有植物科学的知识。例如，合欢和桧柏配植成树丛，在体形上形成对比；在色彩上桧柏色深，合欢色淡。但是在贫瘠、黏重的土壤中合欢生长不良。所以，设计者在选择栽植的土地条件上要注意。松橡混交是华北地区有代表性的混交林型，但是由于橡树根深，在城市内栽植过程有许多困难不好克服，所以，北京城内一直未见到这种林型。

在中国传统造园手法中，不仅在植物造景中使用典型集中的手法，在堆山挖湖中也选取典型概括，所以园中以“残山剩水”最为高明，能达到“罗十岳为一区”。如明代造园家计成能“悉致琪华、瑶草、古木、仙禽供其点缀，使大地焕然改观”。

在现代园林中，在选用建筑、设施以至铺装中都注意表现具有典型意义的题材，能给人以深刻的印象。

第三章　园林景观设计要素

园林景观是自然风景景观和人工造园的综合概念，园林景观的构成要素包括自然景观、人文景观和工程设施等三个方面。

我国是一个山川秀丽、风景宜人的国家，丰富的自然景观早就闻名于世，为中外游人所青睐。这些自然景观遍布大江南北，祖国东西，包括山岳风景、水域风景、海滨风景、森林风景、草原风景和气候风景等。人文景观是景园的社会、艺术与历史性要素，包括名胜古迹类、文物与艺术品类、民间习俗与节庆活动类、地方特产与技艺类。人文景观是园林景观中最具特色的要素，而且丰富多彩，艺术价值、审美价值极高，是文化中的瑰丽珍宝。园林景观工程广义上是指园林景观建筑设施与室外工程，包括山水工程、道路桥梁工程、假山置石工程和建筑设施工程等。

第一节　自然景观要素

园林景观是自然风景景观和人工造园的综合概念，园林景观的构成要素包括自然景观、人文景观和工程设施三个方面。

我国是一个山川秀丽、风景宜人的国家，丰富的自然景观早就闻名于世，为中外游人所青睐。这些自然景观遍布大江南北，包括山岳风景、水域风景、海滨风景、森林风景、草原风景和气候风景等。人文景观是景园的社会、艺术与历史性要素，包括名胜古迹类、文物与艺术品类、民间风俗与节庆活动类、地方特产与技艺类。人文景观是园林景观中最具特色的要素，而且丰富多彩，艺术价值、审美价值极高，是文化中的瑰丽珍宝。园林景观工程广义上是指园林景观建筑设施与室外工程，包括山水工程、道路桥梁工程、假山置石工程和建筑设施工程等。

一、山岳风景景观

山岳是构成大地景观的骨架，各大名山独具特色，构成雄、险、奇、秀、幽、旷、深、奥等形象特征。划分名山类型的一般原则，是以岩性为基础，综合考虑自然景观的美学意义和人文景观特征，分为花岗石断块山、岩溶景观名山、丹霞景观地貌、历史文化名山等。由于地质变迁的差异，这些山具有不同的景观因素。

（一）山峰

山峰包括峰、峦、岭、崖、岩、峭壁等不同的自然景象，因岩质不同而异彩纷呈。如黄山、华山花岗岩山峰高耸威严；桂林、云南石林石灰岩山峰柔和清秀；武夷山、丹霞山红砂岩山峰的赤壁奇观；石英砂的断裂风化，形成了湖南武陵源、张家界的柱状峰林；变质杂岩而生成的山峰造就了泰山五岳独尊的宏伟气势。

山峰既是登高远眺的佳处，又表现出千姿百态的绝妙意境。如黄山的梦笔生花、云南石林的阿诗玛、武夷山的玉女峰、张家界的夫妻峰、承德的棒槌峰、鸡公山的报晓峰等。

（二）岩崖

由地壳升降、断裂风化而形成的悬崖危岩，如庐山的龙首崖，泰山的瞻鲁台、舍身崖、扇子崖，厦门的鼓浪屿和日光岩，还有海南岛的天涯海角石、桂林象山的象眼岩和三清山的石景等。

（三）洞府

洞府构成了山腹地下的神奇世界，如著名的喀斯特地形石灰岩溶洞，仿佛地下水晶宫，洞内的石钟乳、石笋、石柱、石曼、石花、石床、云盆等各种象形石光怪离奇；地下泉水、湍流更是神奇莫测。中国著名的溶洞有浙江瑶琳洞、江苏善卷洞、安徽广德洞、湖北神农架上冰洞山内的风洞、雷洞、闪洞、电洞等。目前，我国已开放的洞府景观有几十处。

（四）溪涧与峡谷

涧峡是山岳风景中的重要内容，它与峰峦相反，以其切割深陷的地形、曲折迂回的溪流、湿润芬芳的花草而引人入胜。如武夷山的九曲溪蜿蜒 7.5 千米，回环而下，成为游客乘筏畅游的仙境；贵州郊区的花溪，每年春夏邀来多少情侣携游；台湾花莲县的太鲁峡谷，峡内断崖高差达千米，瀑布飞悬，景色宜人。

（五）火山口景观

火山活动所形成的火山口、火山锥、熔岩流台地、火山熔岩等。如东北五大连池景观就是火山堰塞湖；还有长白山天池火山湖，火山口上的原始森林奇观；浙江南雁荡山火山岩景观；等等。

（六）高山景观

在我国西部，有不少仅次于积雪区，海拔高度在 5 000 米以上的山峰，如青藏、云贵高原地区，多半是冰雪世界。高山风景主要包括冰川，如云南的玉龙雪山，被称为我国冰川博物馆。还有高山冰塔林水晶世界景观，高山珍奇植物景观，如雪莲花、点地梅等。

（七）古化石及地质奇观

古生物化石是地球生物史的见证者，是打开地球生命奥秘的钥匙，也是人类开发利用地质资源的依据，古化石的出露地和暴露物自然就成为极其宝贵的科研和观赏资源。如四川自贡地区有著名的恐龙化石，并建成世界知名的恐龙博物馆；山东、河北等地的石灰岩层叠石是 20 亿年前藻类蔓生的成层产物，形成绚丽多彩的大理石岩基；山东莱芜地区有寒武纪三叶虫化石，被人们开发制成精美的蝙蝠石砚；山东临朐城东有一座世界少有的山旺化石宝库，在岩层中完整保留着距今 1　200 万年前的多种生物化石，颗粒细致的岩层被人誉称为“万卷书”，是研究古生物、地理和古气候的重要资料。史前岩洞还是古人类进化史的课堂，北京周口店等处发现了古猿人的化石，证明了人类的起源与演变。变化万千的古代石及地质奇观，遍布我国各地，它们是科学研究的宝贵资料，也是自然中的景观资源。

二、水域风景景观

水是大地景观的血脉，是生物繁衍的条件。人类对水更有着天然的亲近感，水景是自然风景的重要内容，广义的水景包括江河、湖泊、池沼、泉水、瀑潭等风景资源（海水列入海滨风景中）。

（一）泉水

泉是地下水的自然露头，因水温不同而分冷泉和温泉，包括中温泉（年均温 45 ℃以下）、热泉（45 ℃以上）、沸泉（当地沸点以上）等；因表现形态不同而分为喷泉、涌泉、溢泉、间歇泉、爆炸泉等；从旅游资源角度看，有饮泉、矿泉、酒泉、喊泉、浴泉、听泉、蝴蝶泉等；还可按不同成分分为单纯泉、硫酸盐泉、盐泉、矿泉等。我国古人以水质容重等条件品评了各大名泉，如天下第一泉的北京玉泉山玉泉、无锡惠山的天下第二泉、杭州虎跑的天下第三泉等。作为著名的风景资源，我国有济南七十二名泉，以趵突泉最胜；西安华清池温泉，以贵妃池最重；重庆有南、北温泉；还有西藏羊八井的爆炸泉；台湾阳明山、北投、关子岭、四重溪四大温泉等。

泉水的地质成因很多，因沟谷侵蚀下切到含水层而使泉水涌出叫侵蚀泉；因地下含水层与隔水层接触面的断裂而涌出的泉水叫接触泉；地下含水层因地质断裂，地下水受阻而顺断裂面而出的叫断层泉；地下水遇隔水体而上涌地表的叫溢流泉（如济南的趵突泉）；地下水顺岩层裂隙而涌出地面者叫裂隙泉（如杭州的虎跑泉）。矿泉是重要的旅游产品资源；温泉是疗养的重要资源；不少地区泉水还是重要的农业和生活用水来源。所以，泉水可以说是融景、食、用于一体的重要风景资源。

（二）瀑布

瀑布是高山流水的精华，瀑布有大有小，形态各异，气势非凡。

我国目前最大的瀑布是贵州黄果树瀑布，宽约30米，高60米以上，最大落差72.4米；吉林省的长白山瀑布也十分雄伟壮观；黑龙江的镜泊湖北岸吊水楼瀑布是我国又一大瀑布，奔腾咆哮，飞泻直下，轰鸣作响，景色迷人。另外知名的瀑布还有浙江雁荡山的大龙湫、小龙湫瀑布，建德县的葫芦瀑；江西庐山的王家坡双瀑、黄龙潭、玉帘泉、乌龙潭、陕西壶口瀑布以及臣龙岗的上下二瀑等。所有山岳风景区几乎都有不同的瀑布景观，有的常年奔流不息，有的顺山崖辗转而下，有的像宽大的水帘漫落奔流，似万马奔腾，若白雪银花。丰富的自然瀑布景观也是人们造园的蓝本。总之，瀑布以其飞舞的雄姿，使高山动色，使大地回声，给人们带来“疑是银河落九天”的抒怀和享受。

（三）溪涧

飞瀑清泉的下游常出现溪流深涧。如浙江杭州龙井九溪十八涧，起源于杨梅岭的杨家坞，然后汇合九个山坞的细流成溪。清代学者俞樾诗称，“重重迭迭山，曲曲环环路，咚咚叮叮泉，高高下下树”，是对九溪十八涧环境的写照。贵州的花溪也是著名的游览地，花溪河三次出入于两山夹峙之中，入则幽深，不知所向，出则平衍，田畴交错，或突兀孤立，或蜿蜒绵亘，形成山环水绕、水青山绿、堰塘层叠、河滩十里的绮丽风光。为了再现自然，古人在庭园中也利用山石流水创造溪涧的景色，如杭州玉泉的水溪；无锡寄畅园的八音涧等，都是仿效自然创造的精品。

（四）峡谷

峡谷是地形大断裂的产物，富有壮丽的自然景观。著名的长江三峡是地球上最深、最雄伟壮丽的峡谷之一，崔嵬摩天，幽邃峻峭，江水蜿蜒东去，两岸古迹又为三峡生色。其中瞿塘峡素有“夔门天下雄”之称；巫峡则以山势峻拔、奇秀多姿著称；西陵峡最长，其间又有许多峡谷，如兵书宝剑峡、崆岭峡、黄牛峡、灯影峡等。另外，广东清远县的飞来峡、河北承德的松云峡、北京的龙庆峡素有“小三峡”之称，还有四川嘉州小三峡等。此外，还有尚未开发的云南三江大峡谷、黄河上的三门峡等。

（五）河川

河川是祖国大地的动脉，著名的长江、黄河是中华民族文化的发源地。自北至南，排列着黑龙江、辽河、松花江、海河、淮河、钱塘江、珠江、万泉河，还有祖国西部的三江峡谷（金沙江、澜沧江和怒江），美丽如画的漓江风光等。大河名川，奔泻万里，小河小溪，流水人家，大有排山倒海之势，小有曲水流觞之趣。总之，河川承载着千帆百舸，孕育着良田沃土，装点着富饶大地，流传着古老文化，它是流动的风景画卷，又是一曲动人心弦的情歌。

（六）湖池

湖池像水域景观项链上的宝石，又像撒在大地上的明珠，它以宽阔平静的水面给我们带来悠荡与安详，也孕育了丰富的水产资源。从大处着眼，我国湖泊大体有青藏高原湖区、蒙新高原湖区、东北平原山地湖区、云贵高原湖区和长江下游平原湖区。著名的湖池有新疆天池、天鹅湖；黑龙江的镜泊湖、五大连池；青海的青海湖；陕西的华清池；甘肃的月牙泉；山东的微山湖；南京的玄武湖、莫愁湖；云南的滇池、洱海；湖南和湖北的鄱阳湖、洞庭湖；无锡的太湖；江苏、安徽的洪泽湖；安徽的巢湖；浙江的千岛湖；杭州的西湖；扬州的瘦西湖；桂林的榕湖、杉湖；广东的星湖；台湾的日月潭；等等。

此外，还有大量水库风景区，如北京十三陵水库、密云水库，广州白云山鹿湖，深圳水库珠海竹仙洞水库，海南松涛水库等。无论天然还是半人工湖池，大都依山傍水，植被丰富，近邻城市，游览方便。中国园林景观欲咫尺山林，小中见大，多师法自然，开池引水，形成庭园的构图中心、山水园的要素之一，深为游人喜爱。

（七）滨海

我国东部海疆既是经济开发区域，又是重要的旅游观光胜地。这里碧海蓝天，绿树黄沙，白墙红瓦，气象万千，有海市蜃楼幻景，有浪卷沙鸥风光，有海蚀石景奇观，有海鲜美味。如河北的北戴河，山东的青岛、烟台、威海，江苏的连云港花果山，浙江宁波的普陀山，福建厦门的鼓浪屿，广东深圳的大鹏湾、珠海的香炉湾，海南三亚的亚龙湾；等等。

我国沿海自然地质风貌大体有三大类。基岩海岸，大都由花岗岩组成，局部也有石灰岩系，风景价值较高；泥沙海岸，多由河流冲积而成，为海滩涂地，多半无风景价值；生物海岸，包括红树林海岸、珊瑚礁海岸，有一定观光价值。由上可知海滨风景资源是要因地制宜、逐步开发才能更好地利用。自然海滨景观多为人们仿效，再现于城市园林的水域岸边，如山石驳岸、卵石沙滩、树草护岸或点缀海滨建筑雕塑小品等。

（八）岛屿

我国自古以来就有东海仙岛和灵丹妙药的神话传说，不少皇帝曾派人东渡求仙，由此也构成了中国古典园林中“池三山”（蓬莱、方丈、瀛洲）的传统格局。由于岛屿具有给人们带来神秘感的传统习惯，在现代园林景观的水体中也少不了聚土石为岛，植树点亭，或设专类园于岛上，既增加了水体的景观层次，又增添了游人的探求情趣。从自然到人工岛屿，著名者有哈尔滨的太阳岛、青岛的琴岛、烟台的养马岛、威海的刘公岛、厦门的鼓浪屿、台湾的兰屿、太湖的东山岛、西湖的三潭印月（岛）等。园林景观中的岛屿，除利用自然岛屿外，都是模仿或写意于自然岛屿的。

三、天文、气象景观

由天文、气象现象所构成的自然形象、光彩都属于这类景观，大都为定点、定时出现在天上、空中的景象，人们通过视觉体验而获得美的享受。

（一）日出、晚霞

日出象征着紫气东来，万物复苏，朝气蓬勃，催人奋进；晚霞呈现出霞光夕照，万紫千红，光彩夺目，令人陶醉。大部分景观在9—11月金秋季节均可以欣赏到。如泰山玉皇顶、日观峰观日出；衡山祝融峰望日台观日出；华山朝阳峰朝阳台观日出；五台山黛螺顶、峨眉山金顶臣云庵睹光台、杭州西湖葛岭初阳台、莫干山观台以及大连老虎滩、北戴河、普陀山等地均是观日出的胜地。杭州西湖的“雷峰夕照”、嘉峪关的“雄关夕照”、普陀山的“普陀夕照”、潇湘八景之一的“渔村夕照”、燕京八景之一的“金台夕照”、吴江八景之一的“西山夕照”、桂林十二景之一的“西峰夕照”等，均是观晚霞的最佳景点。

（二）云雾佛光景观

乘雾登山，俯瞰云海，仿若腾云驾雾，飘飘欲仙。如黄山、泰山、庐山等山岳风景区海拔 1 500 米以上均可出现山丘气候，还造成雾淞雪景，瀑布云流，云海翻波，山腰玉带云景（云南苍山）“海盖云”“望夫云”（洱海）等。“佛光”“宝光”是自然光线在云雾中折射的结果。比如，泰山佛光多出现于 6—8 月，约 6 天；黄山约 42 天；而峨眉山有 71 天；且冬季较多。总之，云雾佛光，绮丽万千，招徕无数游客，堪称高山景观之绝。

（三）海市蜃楼景观

海市蜃楼是因为春季气温回升快，海温回升慢，温差加大出现“逆温”，造成上下空气层密度悬殊而产生光影折射的结果。如山东蓬莱的“海市蜃楼”闻名于世，那变幻莫测的幻影，把人带到另一个世界；广东惠来县神泉港的海面上龙穴岛亦有这种“神仙幻境”，有时长达 4 ～ 6 小时；这种现象在沙漠中也会出现。另外在晴朗的日子里，海滨日出、日落时，在天际线处常闪现绿宝石般的光芒，这是罕见的绿光景观。

四、生物景观

（一）植物类景观

植物包括森林、草原、花卉三大类。我国植物资源（基因库）最为丰富，有花植物约 25 000 种，其中乔木 2 000 种，灌木与草本约 2 300 种，传播于世界各地。植物是景园中绿色生命的要素，与造园、人类生活关系极为密切。

1. 森林

森林是孕育人类文明的摇篮，绿化的主体，园林景观中必备的要素。现代有以森林为主的森林公园或国家森林公园，一般园林景观也多以奇树异木作为景观。森林按其成因分为原始森林、自然次森林、人工森林；按其功能分用材林、经济林、防风林、卫生防护林、水源涵养林、风景林。我国森林景观因其地域、功能不同，各具显著特征。如华南南部的热带雨林；华中、华南的常绿阔叶林、针叶林及竹林；华中、华北的落叶阔叶林；东北、西北的针阔叶混交林及针叶林。还有乔木、灌木、灌丛等不同形状的树木、树林。

2. 草原

有以自然放牧为主的自然草原，如东北、西北及内蒙古牧区的草原；有以风景为主的或做园林景观绿地的草地。草地是自然草原的缩影，是园林景观及城市绿化必不可少的要素。

3. 花卉

有木本、草本两种，也是景园的要素。花园，即以花卉为主体的景园。我国花卉植物资源在世界上最为丰富，且多名花精品，绝世珍奇。如国色天香的“花中之王”牡丹、“花中皇后”芍药、“天下奇珍”琼花、“天下第一香兰花”，20世纪60年代新发现的金花茶，以及梅花、菊花、桂花等。除自然生长的花卉外，现代又培育出众多的新品种。花卉与树木常结合布置于景园中，组成色彩鲜艳、芳香沁人的景观，为人们所喜爱、歌咏。

（二）动物类景观

动物是景园中最活跃、最有生气的要素。有以动物为主体的园，称动物园；或以动物为园中景观、景区，称观、馆、室等。全世界有动物约150万种，包括鱼类、爬行类、禽类、昆虫类、兽类及灵长类等。

1. 鱼类

鱼类是动物界中的一大纲目。观赏鱼类包括热带鱼、金鱼、海水鱼及特种经济鱼。水生软体动物、贝壳动物及珊瑚类，都具有不同的观赏价值和营养成分。

2. 昆虫类

昆虫数量占动物界的2/3，有价值的昆虫常用来展出和研究，其中观赏价值较高的有各类蝴蝶、飞蛾、甲虫、青蛙等。

3. 两栖爬行类

如龟、蛇、蜥蜴、鳄鱼等，有名的绿毛乌龟、巨蟒、扬子鳄等具有较高的观赏和科研价值。

4. 鸟类

一般有五类，即鸣禽类（画眉、金丝鸟等）、猛禽类（鹰、鸠等）、雉鸡类（如孔雀、珍珠鸡、鸵鸟等）、游涉禽类（鸭、鸳鸯）、攀禽类（鹦鹉等）。

5. 哺乳类

如东北虎、美洲狮、大白熊、梅花鹿、斑马、大熊猫、猿猴类、亚洲象、长颈鹿、大河马、海豹等。

第二节　历史人文景观设计

一、名胜古迹景观

名胜古迹是指历史上流传下来的具有很高艺术价值、纪念意义、观赏效果的各类建设遗迹、建筑物、古典名园、风景区等。一般分为古代建设遗迹、古建筑、古工程及古战场、古典名园、风景区等。

（一）古代建设遗迹

古代遗存下来的城市、乡村、街道、桥梁等，有地上的，有发掘出来的，都是古代建设的遗迹或遗址。我国古代建设遗迹最为丰富多样，且大都开辟为旅游胜景，成为旅游城市、城市景园的主要景观、风景名胜区、著名陈列馆（院）等。

我国著名的古代城市如六朝古都南京、汉唐古都长安（西安）、明清古都北京，以及山东曲阜、河北山海关、云南丽江古城等，都是世界闻名的古城。古乡村（村落）有西安的半坡村遗址，古街有安徽屯溪的宋街，古道有西北的丝绸之路，古桥梁则有赵州桥、卢沟桥等。

（二）古建筑

世界多数国家都保留着历史上流传下来的古建筑，我国古建筑的历史悠久、形式多样、形象多类、结构严谨、空间巧妙，都是举世无双的，而且近几十年来修建、复建、新建的古建筑面貌一新，不断涌现，蔚为壮观，成为园林中的重要景观。古建筑一般包括宫殿、府衙、名人居宅、寺庙、塔、教堂、亭台、楼阁、古民居、古墓、神道建筑等。其中，寺庙、塔、教堂合称宗教与祭祀建筑；亭台、楼阁有独立存在的，也有在宫殿、府衙及园中的。跨类而具有综合性的有：“东方三大殿”，即北京故宫、山东岱庙天贶殿、山东曲阜孔庙大成殿；江南三大楼，即湖南岳阳楼、湖北黄鹤楼、江西南昌滕王阁。

1. 古代宫殿

世界多数国家都保留着古代帝皇宫殿建筑，而以中国所保留得最多、最完整，大都是规模宏大的建筑群。北京明清故宫原称紫禁城，现为故宫博物院，是中国现存规模最大、保存最完整的古建筑群。沈阳清故宫是清初努尔哈赤、皇太极两代的宫殿，清定都北京后为留都宫殿，后又称奉天宫殿，建筑布局和细部装饰具有民族特色和地方特色，建筑艺术上体现了汉、满、藏艺术风格的交流与融合。拉萨布达拉宫于公元 7 世纪始建，

17世纪重建，是世代喇嘛摄政居住、处理政务的地方，包括红山上的宫堡群、山前方城和山后龙王潭花园三部分，宫堡群在山南坡，用块石依山就势建造，呈东西长、南北窄的不规则形状布置，高达117米。中央有红宫，高九层，第五层中央为西大殿，上四层中部为天井，四周建有灵塔殿，以回廊相连通。红宫东侧为白宫，红宫两侧为僧房，宫东翼为僧官学校。西大殿内和壁画廊内绘制着布达拉宫建造历史和五世达赖喇嘛的宗教活动、藏汉人民之间的友好往来与文化交流等壁画。方（藏语为“雪”）城在宫堡群南面，东西、南北各300米，三面各辟一门，南墙东西两角各有一座碉楼，城内为行政建筑与僧俗官员住宅。山后龙王潭花园面积约15平方千米，有马道通往。布达拉宫集中反映了藏族匠师的智慧和才华，代表了藏族建筑的特点和成就，也是了解藏族文化、艺术、历史和民俗的宝库。

2.宗教与祭祀建筑

宗教建筑因宗教不同而有不同名称与风格。我国道教出现时代最早，其建筑称宫、观；东汉明帝时（公元1世纪中期）佛教传入中国，其建筑称寺、庙、庵及塔、坛等；明代基督教传入中国，其建筑名教堂、礼拜堂；还有伊斯兰教的清真寺、庙等。祭祀建筑在我国很早就出现了，称庙、祠堂、坛。纪念死者的祭祀建筑，皇族称太庙，名人称庙，多冠以姓或尊号，也有称祠或堂。纪念活着的名人，称生祠、生祠堂。另有求祈神灵的建筑，称祭坛，也属祭祀建筑。我国自古保存至今的宗教、祭祀建筑，多数原本就与景园一体，少数开辟为园林景观，都称寺庙园林景观，也有开辟为名胜区的，称宗教圣地。

我国现存的宗教建筑以道教、佛教为多。道教如四川成都青羊宫、青城山三清殿，山西永济市（今迁芮城县）永乐宫，河南登封中岳庙，山东崂山道观，江苏苏州玄妙观（三清殿）等。佛教寺庙现存最多，有佛教四大名山寺：山西五台山大显通寺、佛光寺，四川峨眉山报国寺、伏虎寺，浙江普陀山三大禅林（普济寺、法雨寺、慧济寺），安徽九华山四大丛林（祇园禅寺、东岩精舍、万年寺、甘露寺）。唐代四大殿：山西天台庵正殿、五台县佛光寺大殿、南禅寺大殿、芮城县五龙庙正殿，全为木构建筑。还有河南少林寺、洛阳白马寺、杭州灵隐寺、南京栖霞寺、山东济南灵岩寺、四川乐山凌云寺、北京潭柘寺和大觉寺，也很著名。山西浑源县恒山悬空寺，建在进山入口的石门略悬崖峭壁之上，悬挑大梁支撑着大小40余座殿宇，可谓世界建筑史上的绝妙奇观。

西藏喇嘛教有拉萨大昭寺，唐初藏王松赞干布创建为宫廷教堂，17世纪大规模扩建，为喇嘛庙，大殿中心部分还有唐代建筑痕迹，其建筑、绘制风格融汉、印度、尼泊尔艺术为一体。

伊斯兰教建筑如陕西西安清真寺及其他各地的清真寺等。

与宗教密切相关的各种形式、各种规模的寺塔、塔林，我国现存得也很多，著名的有西安慈恩寺塔（俗称大雁塔），河北定县开元寺塔，杭州六和塔，苏州虎丘塔、北寺塔，镇江金山寺塔，常熟方塔，上海龙华塔，松江兴圣教寺塔。最高为四川灌县奎光塔，共 17 层，小型的如南京栖霞寺舍利塔。还有做景观的塔和塔林，如北京北海公园内白塔、扬州瘦西湖的白塔、延安宝塔、河南少林寺的塔林等。

祭祀建筑以山东曲阜孔庙历史最悠久、规模最大，从春秋末至清代，历代都有修建、增建，其规模仅次于北京的故宫，是大型古祠庙建筑群，其他各地也多有孔庙或文庙。其次为皇帝太庙，建于都城（紫禁城）内，今仅存北京太庙（现为北京劳动人民文化宫）。为名人纪念性的祠庙有名的如杭州岳王庙、四川成都丞相祠（祀诸葛亮）、杜甫纪念堂等。

祭坛建筑著名的有北京社（土神）稷（谷神）坛（今在中山公园内）、天坛（祭天、祈丰年）等。天坛是现今保存最完整、最有高度艺术水平的优秀古建筑群之一，主体为祈年殿，建在砖台之上，结构雄伟，构架精巧，有强烈向上的动感，表现出人与天相接的意向。

3. 亭台楼阁建筑

亭台最初与园林景观并无关系，后为园林景观建筑景观，或做景园主体成亭园、台园。台，比亭出现早，初为观天时、天象、气象之用。如殷鹿台、周灵台及各诸侯的时台，后来遂做园中高处建筑，其上亦多建有楼、阁、亭、堂等。现今保存的台有北京居庸关云台等。现今保存的亭著名的有浙江绍兴兰亭、苏州沧浪亭、安徽滁州醉翁亭、北京陶然亭等。

楼阁，是宫苑、离宫别馆及其他园林中的主要建筑，也是城墙上的主要建筑。现今保存的楼阁，多在古典园林景观之中，也辟为公园、风景、名胜区。如江南三大名楼、安徽当涂的太白楼、湖北当阳的仲宣楼，以及江苏扬州的平山堂、云南昆明大观楼、广州越秀山公园内望海楼等。

4. 名人居所建筑

古代及近代历史上保存下来的名人居所建筑，具有纪念性意义及研究价值，今辟为纪念馆、堂，或辟为园林景观。古代的名人居所建筑，如成都杜甫草堂，浙江绍兴明代画家徐渭的青藤书屋，江苏江阴明代旅游学、地理学家徐霞客的旧居，北京西山清代文学家曹雪芹的旧居等。近代的名人居所建筑著名的有孙中山的故居、客居，包括广东中山市的中山故居、广州中山堂、南京总统府中山纪念馆等。至于现代，名人、革命领袖的故居更多，如湖南韶山毛泽东故居、江苏淮安周恩来故居等，也多为纪念性风景区或名胜区。

5. 古代民居建筑

我国是个多民族国家，自古以来的民居建筑丰富多彩，或经济实用，或小巧美观，各有特色，也是中华民族建筑艺术与文化的一个重要方面。古代园林景观中也引进民居建筑作为景观，如乡村（山村）景区，具有淳朴的田园、山乡风光，也有仿城市民居（街景）作为景区的，如北京颐和园（原名清漪园）仿建苏州街。

现今保存的古代民居建筑形式多样，如北方四合院、延安窑洞、秦岭山地民居、江南园林式宅院、华南骑楼、云南、竹楼、新疆吐鲁番土拱、蒙古的蒙古包，广东客家土楼等。

安徽徽州及陕西韩城党家村明代住宅，是我国现存古代民居中的珍品，基本为方形或矩形的封闭式三合院。

6. 古墓、神道建筑

古墓、神道建筑指陵、墓（冢、茔）与神道石人、兽像、墓碑、华表、阙等。陵，为帝王之墓葬区；墓，为贵族、名人、庶人墓葬地；神道，意为神行之道，即陵墓正前方的道路。墓碑，初为木柱，是引棺入墓穴的工具，随埋土中。后演变为石碑，竖于墓前，碑上多书刻文字，记死者事迹功勋，称墓碑记、墓碑铭，或标明死者身份、姓名，立碑人身份、姓名等。华表，立于宫殿、城垣、陵墓前的石柱，柱身常刻有花纹。阙，立于宫庙、陵墓门前的台基建筑，陵墓前的称墓阙。神道、墓碑、华表、阙等都为陵、墓的附属建筑。现今保存的古陵、墓，都具备这些附属建筑的，也有缺的，或仅存其一的。

古代皇陵著名的有陕西桥山黄帝陵，是传说中轩辕黄帝的衣冠冢；临潼秦始皇陵与兵马俑，是我国最大的帝王陵墓和世界文化遗产；兴平汉武帝的茂陵，是汉代最大的陵墓，其陪葬的霍去病墓保留有我国最早的墓前石刻、乾县唐高宗与武则天合葬的乾陵，是唐代帝陵制度最完备的代表；南京牛首山南唐二主的南唐二陵；河南巩义市嵩山北的宋陵，为北宋太祖之父与太祖之后七代皇帝的陵墓，是我国古代最早集中布置的帝陵；南京明太祖的明孝陵，形成新的制度并对后世有重大影响；北京明代十三陵，是我国古代整体性最强、最善利用地形、规模最大的陵墓建筑群；沈阳清初的昭陵，俗称北陵，为清太宗皇太极之墓，其神道成梯形排列，利用透视错觉增加神道的长度感，极富特色；河北遵化市清东陵，为顺治、康熙、乾隆、咸丰、同治五帝及后妃之陵；河北易县清四陵，为雍正、嘉庆、道光、光绪四帝之陵。

古代名人墓地著名的有山东曲阜孔林、安徽当涂李白墓、杭州岳飞墓等。

古代陵、墓是我们历史文化的宝库，已发掘出的陪葬物、陵园建筑、墓穴等，是研究与了解古代艺术、文化、建筑、风俗等的重要实物史料。现今保存的古代陵墓，有些保留有原来的陵园、墓园，有些现代辟为公园、风景区，与园林景观具有密切关系。

（三）古工程、古战场

工程设施、战场有些与园林景观并无关系，而有些工程设施直接用于园林景观工程，有些古代工程、古战场今天已辟为名胜、风景区，供旅游观光，同样具有园林景观的功能。闻名的古工程有长城、成都都江堰、京杭大运河；古战场有湖北赤壁三国赤壁之战的战场、缙云山合川钓鱼城、南宋抗元古战场等。

二、文物艺术景观

文物艺术景观指石窟、壁画、碑刻、摩崖石刻、石雕、雕塑、假山与峰石、名人字画、文物、特殊工艺品等文化、艺术制作品和古人类文化遗址、化石。古代石窟、壁画和碑刻是绘画与书法的载体，现代有些成为名胜区，有些原就是园林景观中的装饰。石雕、雕塑、假山和峰石，则是园林景观中的景观。名人字画往往被用作景园题名，题咏和陈列品。文物、特殊工艺品，也常做园林景观中陈列的珍品。

（一）石窟

我国现存有历史久远、形式多样、数量众多、内容丰富的石窟，是世界罕见的综合艺术宝库。其上凿刻、雕塑着古代建筑、佛像、佛经故事等形象，艺术水平很高，历史与文化价值无量。闻名世界的有甘肃敦煌石窟（又称莫高窟），从前秦至元代，工程延续约千年；山西大同云周山云冈石窟，北魏时开凿，保存至今的有 53 处，造像 5 100 余尊，以佛像、佛经故事等为主，也有建筑形象；河南洛阳龙门石窟，是北魏后期至唐代所建大型石窟群，有大小窟龛 2 100 多处，造像约 10 万尊，是古代建筑、雕塑、书法等艺术资料的宝库；甘肃天水麦积山石窟，是现存唯一自然山水与人文景观结合的石窟。其他还有辽宁义县万佛堂石窟、山东济南千佛山、云南剑川石钟山石窟、宁夏须弥山石窟、南京栖霞山石窟等多处。

（二）壁画

壁画是绘于建筑墙壁或影壁上的图画。我国很早就出现了壁画，古代流传下来的如山西繁峙县岩山寺壁画，金代 1158 年开始绘于寺壁之上，有大量的建筑图像，是现存的金代规模最大、艺术水平最高的壁画；云南昭通市东晋墓壁画，在墓室石壁之上绘有青龙、白虎、朱雀、玄武与楼阙等形象及表现墓主生前生活的场景，是研究东晋文化艺术与建筑的珍贵艺术资料；泰山岱庙正殿天贶殿的宋代大型壁画《泰山神启跸回銮图》，全长62米，造像完美、生动，是宋代绘画艺术的精品。

影壁壁画著名的如北京北海九龙壁（清乾隆年间建），上有九龙浮雕图像，体态矫健，形象生动，是清代艺术的杰作。

（三）碑刻、摩崖石刻

碑刻是刻文的石碑，是各体书法艺术的载体。如泰山的秦李斯碑、岱顶的汉无字碑、岱庙碑林、曲阜孔庙碑林，西安碑林，南京六朝碑亭，山西唐碑亭以及清代康熙、乾隆在北京与游江南所题御碑等。

摩崖石刻，是刻文字、图画的山崖，文字除题名外，多为名山铭文、佛经经文。山东泰山摩崖石刻最为丰富，被誉为我国石刻博物馆。山下经石峪有“大字鼻祖”《金刚经》岩刻，篇幅巨大，气势磅礴；山上碧霞元君祠东北石崖上刻有唐玄宗手书《纪泰山铭》全文，高13米多，宽5米余，蔚为壮观。山东益都云门山崖高数丈的“寿”字石刻，堪称一字摩崖石刻之最。图画摩崖石刻多见于我国西北、西南边疆地区，多为古代少数民族创作，岩画内容有人物、动物、生活、战争等。著名的有新疆石门子岩画、广西花山岩画等。

（四）雕塑艺术品

雕塑艺术品是指多用石质、木质、金属雕刻各种艺术形象与泥塑各种艺术形象的作品。古代以佛像、神像及珍奇动物形象最多，其次为历史名人像。我国各地古代寺庙、道观及石窟中都有丰富多彩、造型各异、栩栩如生的佛像、神像。举世闻名的如四川乐山巨形石雕乐山大佛，唐玄宗时创建，约用90年竣工，通高71米、头高14.7米、头宽10米、肩宽28米、眼长3.3米、耳长7米；北京雍和宫木雕弥勒佛立像，全身高25米，离地面高18米。

珍奇动物形象雕塑，自汉代起至清代古典景园中就作为园林景观点缀或一景观。宫苑中多为龙、鱼雕像，且与水景制作相结合，有九龙形象，如九龙口吐水或喷水；也有在池岸上石雕龙头像，龙口吐水入池的，如保存至今的西安临潼华清池诸多龙头像。

（五）诗词、楹联、字画

中国风景园林的特征之一就是深受古代哲学、宗教、文学、绘画艺术的影响，自古以来就吸引了不少文人画家、景观建筑师以至皇帝亲自制作和参与，使我国的风景园林带有浓厚的诗情画意。诗词楹联和名人字画是景观意境点题的手段，既是情景交融的产物，又构成了中国园林景观的思维空间，是我国风景园林文化色彩浓重的集中表现。

（六）出土文物及工艺美术品

包括具有一定考古价值的各种出土文物，著名的有秦兵马俑（陕西秦始皇陵）、古齐国殉马坑（山东临淄）、北京明十三陵等地下古墓室及陪葬物等。

三、民间风俗与节庆活动

民俗风情是人类社会发展过程中所创造的一种精神和物质现象，是人类文化的一个重要组成部分。社会风情主要包括民居村寨、民族歌舞、地方节庆、宗教活动、封禅礼仪、生活风俗、民间技艺、特色服饰、神话传说、庙会、集市、逸闻等。我国民族众多，不同地区、不同民族有不同的生活风俗和传统节日。如农历三月三是广西壮族、白族、纳西族以及云南、贵州等地人们举行歌咏的日子；农历九月九日是我国传统的重阳节，有登高插茱萸、赏菊饮酒的风俗。此外还有六月六、元旦、春节、仲秋、复活节、泼水节（傣族）等。

（一）生活风俗地方节庆

如春节饺、闹元宵、龙灯会、清明素、放风筝、端午粽、中秋月饼、腊八粥等，还有各民族不同婚娶礼仪等。

（二）民族歌舞

如汉族的腰鼓舞、秧歌舞、绸舞，朝鲜族的长鼓舞，维吾尔族的赛乃姆，壮族扁担舞，傣族孔雀舞，等等。

（三）民间技艺

如壮锦、苗锦、蜀锦、傣锦、苏绣、高绣、鲁绣等。

（四）服饰方面

丰富多彩的民族服饰，集中形象地反映了当地的文化特征，对观光客有很大的吸引力。如黎族短裙、傣族长裙、布朗族黑裙、藏族围裙等。

（五）神话传说

如山东蓬莱阁的八仙过海传说，山东新汶峙山的龙女牧羊传说，花果山（连云港）的孙悟空传说，等等。

四、地方工艺、工业观光及地方风味风情

我国的风景园林历来和社会经济生产及人民生活紧密相关，因此，众多的生产性观光项目以及各地的土特名优产品及风味食品也成为园林景观中不可缺少的人文景观要素。生产观光项目有果木园艺、名贵动物、水产养殖及捕捞等；名优工艺有工业产品生产、民间传统技艺、现代化建筑工程等；风味特产更是一个名目繁多的大家族，如著名的中国酒文化，苏、粤、鲁、川四大名菜系，北京满汉全席；丝绸、貂皮等土特产；陶瓷、刺绣、漆器、雕刻类工艺美术品；人参、鹿茸、麝香等名贵药品；还有地方风味食品，如北京烤鸭、南京板鸭、内蒙古烤羊肉、傣族竹筒饭、广东蛇肉、金华火腿、成都担担面等。

第四章　园林景观种植设计

最近几年，国家的经济发展速度非常迅猛，城市化的进程也随之加快，加之人们的环保观念的提升，不论是广大社会群众抑或是相关的机构组织都十分关注园林绿化活动。园林的景观功效通常和很多要素都有紧密的关联，比如养护等。

第一节　园林植物种植设计基础知识

一、种植设计的意义

（一）植物的作用

1.可以改善小气候和保持水土。

2.利用植物创造一定的视线条件可增强空间感、提高视觉和空间序列质量，安排视线主要有两种情况，即引导与遮挡。视线的引导与遮挡实际上又可看作为景物的藏与露。将植物材料组织起来可形成不同的空间，如形成围合空间，增加向心和焦点作用或形成只有地和顶两层界面的空透空间；按行列构成狭长的带状过渡空间。

3.具有丰富过渡或零碎的空间、增加尺度感、丰富建筑立面、软化过于生硬的建筑轮廓的作用等。城市中的一些零碎地，如街角、路侧不规则的小块地，特别适合于用植物材料来填充，充分发挥其灵活的特点。

4.做主景、背景和季相景色。

（二）植物造景的含义

园林植物种植也称植物造景，是指应用乔木、灌木、藤本植物及草本植物来创造景观，充分发挥植物本身形体、线条、色彩等自然美，配植成美丽动人的画面。

二、植物景观与生态设计

（一）生态设计的概念

一般来说，任何与生态过程相协调，尽量使其对环境的破坏影响至最小的设计形式都称为生态设计，这种协调意味着：设计要尊重物种多样性，减少对资源的剥夺，保持营养和水循环，维持植物生境和动物栖息地的质量，以有助于改善生态系统及人居环境。生态设计的核心内容是“人与自然和谐发展”。

（二）生态设计的发展

早期国外的绿化，植物景观多半是规则式。植物被整形修剪成各种几何形体及鸟兽形体，以体现植物也服从人们的意志，当然，在总体布局上，这些规则式植物景观与规则式建筑的线条、外形，乃至体量较协调一致。究其根源，据说主要是体现人类可以征服一切的思想，较东方传统造园的“天人合一”思想，具有更强的征服自然的色彩。但随着城市环境的不断恶化，以研究人类与自然的和谐发展、相互动态平衡为出发点的生态设计思想开始形成并迅速发展。发展最早和最快是美国从 19 世纪下半叶至今，生态的设计思想先后出现了四种倾向，即自然式设计、乡土化设计、保护性设计、恢复性设计。

中华人民共和国成立之初，园林设计以构图严谨的对称式为主，植物配置以常绿树种为主，过于单调。改革开放以来，规划布局变得灵活多样，植物种类也从少到多，植物配置更加科学化。然而在园林事业迅速发展的同时，出现了一种怪现象，即过于突出绿化对城市的装饰美化作用，绿化布局追求大尺度、大气派、大手笔、大色块，不分场合，不栽或少栽乔木，一律是草坪和由低矮植物组修剪成各种图案，这种单一的草坪种植模式明显违反了生态设计原则。

生态设计已成为我国现代园林进行可持续发展的根本出路。园林的生态设计就是要使园林植物在城市环境中合理再生、增加积蓄和持续利用，形成城市生态系统的自然调节能力，起着改善城市环境、维护生态平衡、保证城市可持续发展的主导和积极作用，使人、城市和自然形成一个相互依存、相互影响的良好生态系统。

（三）生态园林的概念

生态园林就是以植物造景为主，建立以木本植物为骨干的生物群落，因地制宜地将乔木、灌木、藤本、草本植物相互配置在一个群落中，有层次感、厚度感、色彩感，使具有不同生物特性的植物各得其所，从而充分利用阳光、空气、土地、肥力，构成一个和谐、有序、稳定，能长期共存的复层混交的立体植物群落，发挥净化空气、调节温度与湿度、杀菌除尘、吸收有害气体、防风固沙、水土保持等生态功能。

（四）生态园林的应用

1. 植物配置

应用生态园林的原理，根据植物生理、生态指标及园林美学知识，进行植物配置。首先，乔灌花草合理结合，将植物配置成高、中、低三个层次，体现植物的层次性、多样性、功能性；其次，充分了解植物生理和生态习性，在植物配植时，应做到植物四季有景和三季有花；最后，要运用观形植物、观花植物、观色叶植物、观赏植物等，从而形成植物多样性、生物多样性。

2. 物质、能量的循环

应用生态经济学原理，在多层次人工植物群落中，通过植物与微生物之间的代谢作用，实现无废物循环生产；通过不同深浅的地下根，来净化土壤和增强肥力，吸收空气中的CO_2，如以豆科植物的根瘤菌改造土壤结构和增加土壤肥力；通过在群落中适当种植女贞、槐树等蜜源植物，增加天敌数量，从而减少对危害性大的害虫的控制，以达到利用天敌昆虫、鸟类、动物等防治害虫，以生物治虫为主，尽量少用化学药剂防虫，使环境不受药剂的污染。

3. 景观效果

应用生态园林的原理，在人工植物群落中，景观应该体现出科学与艺术的结合与和谐。只有同园林美学相融合，我们才能从整体上更好地体现出植物的群落美，并在维护这种整体美的前提下，适当利用造景的其他要素，来展现园林景观的丰富内涵，从而使它源于自然而又高于自然。

4. 绿地利用

应用生态园林原理，设计多层结构，在乔木下面配置耐阴的灌木和地被，构成复层混交的人工群落，以得到最大的叶面积总和，取得最佳的生态效果。

三、园林植物种植设计与生态学原理

（一）环境分析

1. 环境分析与植物生态习性

环境是指在某地段上影响植物发生、发展的全部因素的总和，包括无机因素（光、水、土壤、大气、地形等）和有机因素（动物、其他植物、微生物及人类）。这些因素错综复杂地交织在一起，构成了植物生存的环境条件，并直接或间接地影响着植物的生存和发展。

环境分析在植物生态学上是指从植物个体的角度去研究植物与环境的关系。从环境分析出来的因素称为环境因子，而在环境因子中对园林植物起作用的因子称为生态因子，其中包括气候因子、土壤因子、生物因子、地形因子。对植物起决定性作用的生态因子，称为主导因子，如橡胶是热带雨林的植物，其主导因子是高温高湿。所有的生态因子构成了生态环境，其中光、温度、空气、水分、土壤等是植物生存的必要条件，它们直接影响着植物的生长发育。

生态习性，指某种植物长期生长在某种环境里，受到该环境条件的特定影响，通过新陈代谢，于是在植物的生活过程中形成了对某些生态因子的特定需要，如仙人掌耐旱不耐寒。有相似生态习性和生态适应性的植物则属于同一个植物生态类型，如水中生长的植物称为水生植物，耐干旱的植物称为旱生植物，强阳光下生长的植物称为阳性植物等。

2. 环境分析与种植设计

在园林植物种植设计中，运用植物个体生态学原理，就是要尊重植物的生态习性，对各种环境条件与环境因子进行研究和分析，然后选择应用合理的植物种类，使园林中每一种植物都有各自理想的生活环境，或者将环境对植物的不利影响降到最小，使植物能够正常地生长和发育。

（二）种群分布与生态位

1. 种群分布与种植设计

种群是生态学的重要概念之一，是生物群落的基本组成单位，是在一定空间中同种个体的组合。园林植物种群，是指园林中同种植物的个体集合。

种群分布，又称种群的空间格局，是指构成种群的个体在其生活空间中的位置状态或布局。其平面布局形式有随机型（由于个体间互不影响，每一个体出现的机会相等）、均匀型（由于种群个体间竞争）、成群型（由于资源分布不均匀、植物传播种子以母株为扩散中心、动物的社会行为使其结合成群）。

种群的空间格局，决定了自然界植物的分布形式。具体在园林中，植物群落同样呈现出以上三种特定的个体分布形式，就是种植设计的基本形式，即规则式、自然式、混合式。

2. 生态位与种植设计

生态位是生态学中的一个重要概念。物种的生态位不仅决定于它们在哪里生活，而且决定于它们如何生活以及如何受到其他生物的约束。生态位概念不仅包括生物占有的物理空间，还包括它在群落中的功能作用以及它们在温度、湿度、土壤和其他生存条件的环境变化中的位置。

在园林种植设计中，应了解生态位的概念，运用生态位理论，模拟自然群落，组建人工群落，合理配置种群，使人工种群更具有稳定性、持久性、可观性。如乔木树种与林下喜阴灌木和地被植物组成的复层植物景观设计，或园林中的密植景观设计，都必须建立种群优势，占据环境资源，排斥非设计性植物（如杂草等），选择竞争性强的植物，采用合理的种植密度，遵循生态位原理。

3. 多样性

（1）生物多样性

生物多样性，是指生命形式的多样化，各种生命形式之间及所包括的内容与其环境之间的多种相互作用，以及各种生物群落、生态系统及其生境与生态过程的复杂化。一般来讲，生物多样性包括遗传多样性、物种多样性和生态系统多样性。

（2）物种多样性

物种多样性，是指多种多样的生物类型及种类，强调物种的变异性，物种多样性代表着物种演化的空间范围和对特定环境的生态适应性。理解和表达一个区域环境物种多样性的特点，一般基于两个方面，即物种的丰富度和物种的相对密度。

①物种丰富度

它表示一个种在群落中的个体数目，植物群落中植物种间的个体数量对比关系，可以通过各个种的丰富度来确定。

②物种的相对密度

它指样地内某一物种的个体数占全部物种个体数的百分比。

（3）植物群落与种植设计

植物群落按其形成可分为自然群落和栽培群落。自然群落是在长期的历史发育过程中，在不同的气候条件及生境条件下自然形成的群落；栽培群落是按人类需要，把同种或异种的植物栽植在一起形成的，用于生产、观赏、改善环境条件等方面，如苗圃、果园、行道树、林荫道、林带等。植物种植设计就是栽培群落的设计，只有遵循自然群落的生长规律，并从丰富多彩的自然群落中借鉴，才能在科学性、艺术性上获得成功。切忌单纯追求艺术效果及刻板的人为要求，不顾植物的生态习性要求，硬凑成一个违反植物自然生长规律的群落。

植物种植设计遵循物种多样性的生态学原理，目的是实现植物群落的稳定性、植物景观的多样性，并为实现区域环境生物多样性奠定基础。如杭州植物园裸子植物区与蔷薇区的水边，设计师选择了最耐水湿的水松植于浅水中，将原产北美沼泽地耐水湿的落羽杉及池杉植于水边，对于较不太耐水湿，又将不耐干旱的水杉植于离水边稍远处，最后补植一些半常绿的墨西哥落羽松，这些树种及其栽植地点的选择是符合植物生态习性要求的，而且极具观赏性。

4. 生态系统

（1）城市绿地系统

城市绿地系统是由城市绿地和城市周围各种绿地空间所组成的自然生态系统。城市绿地系统采用点、线、面相结合的艺术手法进行规划，如此以线连点达面，从而形成巨大完整的城市绿地系统，在净化空气、吸收有害气体、杀菌、净化水体和土壤、调节和改善城市气候、降低噪声方面起到重要的作用。

城市绿地系统组成及应用如下：

点：以小型公园、街心花园、各组团及各单位绿地等为“点”。

线：以街道的两侧或中间的带状绿地为“线”。

面：以公园、植物园、绿地广场等为“面”。

立体绿化：可以利用城区内自然地貌的高低、某些建筑物、构筑物和古墙等进行“立体绿化”。

（2）城市绿地生态系统与种植设计

①利用城市原有的树种、植被、花卉等，本着保护和恢复原始生态环境的原则，按照体现不同城市特点的要求，尽可能协调城市绿地、水体、建筑之间的生态关系，使人居住环境可持续发展。

②根据城市气候和土壤特征，在进行城市绿地构建时，要适地适树，并考虑其观赏价值、功能价值和经济价值，按乔木、灌木、花草相结合的原则，最大限度地保持生物多样性，从而改善城市生态环境。

③切实保护好当地的植物物种，积极引进驯化优良品种，营造丰富的植物景观，增加绿地面积，提高绿地系统的功能，使城市处在一个良好的多样性植物群落之中。

第二节　园林植物种植设计的依据与原则

一、园林植物种植设计依据的三个方面

（一）政策与法规

依据国家、省、市有关的城市总体规划、城市详细规划、城市绿地系统规划、园林绿化法规、园林规划设计规范、园林绿化施工规范等。

（二）场地设计的自然条件

场地设计的自然条件包括气象、植被、土壤、温度、湿度、年降水量、污染情况及人文基础资料等。

（三）总体设计方案

依据总体设计方案布局和创作立意，确定场地的植物种植构思，合理选择植物进行植物配植。

二、种植设计的原则

（一）合理布局，满足功能要求

园林植物种植设计，首先要从园林绿地的性质和主要功能出发。城市园林绿地的功能很多，但就某一绿地而言，其主要功能如下：

1. 街道绿化

主要功能是遮阴，在解决遮阴的同时，要考虑组织交通、美化市容等。

2. 综合公园

在总体布局时，除了活动设施外，要有集体活动的广场或大草坪作为开敞空间，以及遮阴的乔木，成片的灌木和密林、疏林等。

3. 烈士陵园

多用松柏类常绿植物，以突出庄重、稳重的纪念意境。

4. 工厂绿化

主要功能是防护，绿化以抗性强的乡土树种为主。

5. 医院绿化

主要功能是环境卫生的防护和噪声的隔离，比如在医院周围可种植密林，同时在病房周边应多植花灌木和草花供人休息观赏。

（二）艺术原理的运用

园林植物种植设计同样遵循绘画艺术和造园艺术的基本原则。

1. 统一和变化原则

（1）在树形、色彩、线条、质地及比例方面要有一定的差异和变化，以示多样性。

（2）彼此有一定相似性，引起统一感。

（3）不要变化太多，防止整体杂乱；不要平铺直叙，因为没有变化，又会导致单调呆板。

应用：运用重复的方法最能体现植物景观的统一感。如行道树绿带设计，同等距离配植同种、同龄乔木，或在乔木下配植同种、同龄花灌木。

2. 调和原则

（1）利用植物的近似性和一致性，体现调和感，或注意植物与周围环境的相互配合与联系，体现调和感，使人产生柔和、平静、舒适和愉悦的美感。

（2）用植物的差异和变化形成对比的效果，产生强烈的刺激感，使人产生兴奋、热烈和奔放的感受。因此，设计师常用对比的手法来突出主题或引人注目。

应用：第一，立交桥附近，用大片色彩鲜艳的花灌木或花卉组成大色块，方能与之在气魄上相协调；第二，在学校办公楼前绿化中，以教师形象为主题的雕塑周围配以紫叶桃、红叶李，在色彩上红白相映，又能隐喻桃李满天下，与校园环境十分协调。

3. 均衡原则

（1）色彩浓重、体量大、数量多、质地粗、枝叶茂密的植物种类，给人以重的感觉。

（2）色彩淡、体量小、数量少、质地细、枝叶疏朗的植物种类，给人以轻柔的感觉。

（3）根据周围环境的不同，有对称式均衡和自然式均衡两种。

应用：第一，对称式均衡常用于庄严的陵园或雄伟的皇家园林中；第二，自然式均衡常用于自然环境中。如蜿蜒的曲路一侧种植雪松，另一侧配以数量多、单株体最小、成丛的花灌木，以求均衡。

4. 韵律和节奏原则

在种植设计中，节奏就是植物景观简单地重复，连续出现，通过游人的运动而产生美感。

应用：配植时，有规律地变化，就会产生韵律感。如杭州白堤上桃树、柳树间种，非常有韵律，有桃柳依依之感。又如行道树，也是一种有韵律感的植物配植。

（三）植物选择

植物的选择应满足生态要求。

1. 因地制宜，适地适树

具体要求：植物种植设计不但要满足园林绿地的功能及艺术要求，更应考虑到植物本身所需的生态环境，恰当地选择植物。

应用：第一，例如行道树要选择枝干平展、主干高的树种，以达到遮阴之用，同时考虑到美观、易成活、生长快、耐灰尘等方面的问题；第二，在墓地的周围，种植具有象征意义的树种，做到因地制宜，适地适树。

2. 创造合适的生态条件

具体要求：

（1）要认真考虑植物的生态习性和生长规律，使植物的生态习性与栽培环境的生态条件基本一致。

（2）创造适当的条件，使园林植物能适应环境，各得其所，能够正常生长和发育。

应用：例如百草园，充分利用复层混交的人工群落来解决庇荫问题，在林下种植一些喜阴的植物，又通过地形的改造，挖塘做溪，溪边用石叠岸，再设置水管向上喷雾，保持空气湿度，这样完美地构成了湿生、岩生、沼生、水生等植物的种植环境，经过这样创造的生态环境条件，就连最难成活的黄连都生长良好。

3. 科学配植，密度适宜

具体要求：植物种植的密度是否合适，直接影响到绿化功能的发挥。从长远考虑，应根据成年树冠大小来决定种植株距。

应用：如在短期内，就能取得较好的绿化效果，可适当密植，将来再移植，要注意常绿树与落叶树、速生树与慢生树、乔木与灌木、木本植物与草本花卉之间的搭配。同时还要注意植物之间相互和谐，要过渡自然，避免生硬。

4. 种类多样，兼顾季相变化

具体要求：一年四季气候变化，使植物的形、枝、叶等产生了不同变化，这种随季节变化而产生植物周期性的貌相，称为季相。植物的季相变化是园林中的重要景观之一。

应用：在种植设计中，应该做到植物种类丰富，并且使每个季节都有代表性的植物或特色景观可欣赏，讲究春花、夏叶、秋实、冬干，合理种植，做到四季有景，利用植物的季相变化，使人们由景观的变化而联想到时间的推移。

三、种植设计的一般技法

（一）色彩

1. 在种植设计中的应用

（1）色彩起到突出植物的尺度和形态的作用。

（2）浅绿色植物能使一个空间产生明亮、轻快感。在视觉上除有漂亮的感觉外，同时给人欢欣、愉快和兴奋感。

（3）在处理设计所需要色彩时，应以中间绿色为主，其他色调为辅。

2. 设计应用注意的问题

（1）忌杂。不同色度的绿色植物，不宜过多、过碎地布置在总体中。

（2）应小心地使用一些特殊的色彩。诸如青铜色、紫色等，长久刺激会令人不快。

（3）不要使重要的颜色远离观赏者。任何颜色都会由于光影逐渐混合，在构图中出现与愿望相反的浑浊。

（4）色彩分层配置中要多用对比，这样才能发挥花木的色彩效果。

（二）芳香

1. 在种植设计中的应用

（1）布置芳香园。编排好香花植物的开花物候期。

（2）建植物保健绿地，配植分泌杀菌素植物，如侧柏、雪松等。

2. 设计应用注意的问题

（1）注意功能性问题。

（2）注意香气的搭配。

（3）注意控制香气的浓度。

（三）姿态

1. 在种植设计中的应用

（1）增加或减弱地形起伏。

（2）不同姿态的植物经过妥善的种植与安排，可以产生韵律感、层次感。

（3）姿态巧妙利用能创造出有意境的园林形式。

（4）特殊姿态植物的单株种植可以成为庭园和园林局部中心的景物，形成独立的观赏设计。

2. 应用注意的问题

（1）简单化。种类不宜太多，或为同一种姿态植物的大量应用。

（2）有意味。非规则对称的、出人意料的、非正常生长的植物姿态的利用常常使景观有较强的艺术吸引力。

（3）有秩序。姿态组合有韵律、节奏、均衡等。

（4）模拟自然、高于自然。

（四）质感

1. 在种植设计中的应用

（1）粗质感植物可在景观设计中作为焦点，以吸引观赏者的注意力。

（2）中质感植物往往充当粗质型和细质型植物的过渡成分，将整个布局中的各个部分连接成一个统一的整体。

（3）细质感植物轮廓清晰，外观文雅而密实，宜用作背景材料，以展示整齐、清晰规则的特殊氛围。

2. 设计应用注意的问题

（1）根据空间大小选用不同质感的植物。

（2）不同质感的植物过渡要自然，比例合适。

（3）善于利用质感的对比来创造重点。

（4）均衡地使用不同质感类型的植物。

（5）在质感的选取和使用上必须结合植物的特性。

（五）体量

1. 在种植设计中的应用

（1）重量感

大型植物往往显得高大、挺拔、稳重；中型植物姿态各异，会因姿态不同给人不同的重量感觉；小型植物由于没有体量优势，而且在人的视线之下，通常不容易引起人们的关注，几乎无重量感可言。

（2）可变性

主要随着年龄的增长而发生变化，还有不同季节所呈现的体量也不同，落叶后体量相对变小。

2. 设计应用注意的问题

（1）围合空间

大型乔木从顶面和垂直面上封闭空间。中型的高灌木好比一堵墙，在垂直面上使空间闭合，形成一个个竖向空间，顶部开敞，有极强的向上趋向性。小型植物可以暗示空间边缘。

（2）遮阴作用

大型乔木庞大的树冠在景观中被用来提供阴凉，种植于空间或楼房建筑的西南面、西面或西北面。

（3）防护作用

大型乔木在园林中可遮挡建筑物西北的日晒，同时还能起阻挡西北风的作用。

第三节　园林植物种植设计基本形式与类型

一、种植设计基本形式

园林的平面布局有规则式、自然式、混合式，从而决定了植物种植设计基本形式也如此。

园林植物种植设计的基本形式主要有规则式种植、自然式种植、混合式种植。具体要求如下：

（一）规则式种植

平面布局以规则为主的行列式、对称式，树木以整形修剪为主的绿篱、绿墙和模纹景观，花卉以图案为主的花坛、花带，草坪以平整为主并具有规则的几何形体。

规则式种植一般用于气氛较严肃的纪念性园林或有对称轴线的广场、建筑庭园中。

（二）自然式种植

平面布局没有明显的对称轴线，植物不能成行成列地栽植，种植形式比较活泼自然。树木不做任何修剪，自然生长为主，以追求自然界的植物群落之美，植物种植以孤植、丛植、群植、林植为主要形式。自然式种植一般用于有山、有水、有地形起伏的自然式的园林环境中。

（三）混合式种植

平面布局以自然式和规则式相互交错组合。混合式种植一般在地形较复杂的丘陵、山谷、洼地处采用自然式种植，在建筑附近、入口两侧采用规则式种植。

（1）规则式种植给人庄严、雄伟、整齐之感。

（2）自然式种植给人清幽、雅致、含蓄之感。

（3）混合式种植集规则式种植、自然式种植优点于一身，既有自然美，又有人工美。

二、园林植物种植设计类型

（一）按园林植物应用类型分类

1. 乔灌木的种植设计

在园林植物的种植设计中，乔木、灌木是园林绿化的骨干植物，所占的比重较大。在植物造景方面，乔木往往成为园林中的主景，如界定空间、提供绿荫、调节气候等；灌木供人观花、观果、观叶、观形等，它与乔木有机配置，使植物景观有层次感，形成丰富的天际轮廓线。

2. 花卉的种植设计

花卉的种植设计是指利用姿态优美、花色艳丽、具有观赏价值的草本和木本植物进行植物造景，以表现花卉的群体色彩美、图案装饰美、烘托气氛等作用。主要包括花坛设计、花境设计、花台设计、花丛设计、花池设计等。

3. 草坪的种植设计

草坪是指用多年生矮小草本植物密植，并经人工修剪成平整的人工草地。草坪，好比是绿地的底色，对于绿地中的植物、山石、建筑物、道路广场等起着衬托的作用，能把一组一组的园林景观统一协调起来，使园林具有优美的艺术效果。此外还有为游憩提供场地、使空气清洁、降温增湿的作用。

（二）按植物生境分类

1. 陆地种植设计

大多数园林植物都是在陆地生境中生存的，种类繁多。园林陆地生境的地形有山地、坡地和平地三种。山地多用山野味比较浓的乔木、灌木；坡地利用地形的起伏变化，植以灌木丛、树木地被和缓坡草地；平地宜做花坛、草坪、花境、树丛、树林等。

2. 水体种植设计

水体种植设计主要是指湖、水池、溪涧、泉、河、堤、岛等处的植物造景。水体植物不仅增添了水面空间的层次，丰富了水面空间的色彩，而且水中、水边植物的姿态、色彩所形成的倒影，均加强了水体的美感，丰富了园林水体景观内容，给人以幽静含蓄、色彩柔和之感。

（三）按植物应用空间环境分类

1. 建筑室外环境的种植设计

建筑室外环境的植物种类多、面积大，并直接受阳光、土壤、水分的影响，设计时不仅考虑植物本身的自然生态环境因素，而且还要考虑它与建筑的协调，做到使园林建筑主题更加突出。

2. 建筑室内的种植设计

室内植物造景是将自然界的植物引入居室、客厅、书房、办公室等建筑空间的一种手段。室内的植物造景必须选择耐阴植物，并给予特殊的养护与管理，要合理设计与布局，并考虑采光、通风、水分、土壤等环境因子对植物的影响，做到既有利于植物的正常生长、又能起到绿化作用。

3. 屋顶种植设计

屋顶的生态环境与地面相比有很大差别，无论是风力、温度上，还是土壤条件上均对植物的生长产生了一定影响。因此，在植物的选择上，应该仔细考虑以上因素，要选择那些耐干旱、适应性强、抗风力强的树种。在屋顶的种植设计中，应根据不同植物生存所必需的土层厚度，尽可能满足植物生长基本需要，一般植物的最小土层厚度是：草本（主要是草坪、草花等）为 15 cm；小灌木为 25 ～ 35 cm；大灌木为 40 ～ 45 cm；小乔木为 55 ～ 60 cm；大乔木浅根系为 90 ～ 100 cm，深根系为 125 ～ 150 cm。

第四节　各类植物景观种植设计

一、树列与行道树设计

（一）树列设计

1. 树列设计形式

树列也称列植，就是沿直线（或者曲线）呈线性的排列种植。树列的设计形式一般有两种，即一致性排列和穿插性排列两种。一致性排列是指用同种同龄的树种进行简单的重复排列，此种排列具有极强的导向性，但给人以呆板、单调乏味之感；穿插性排列是指用两种以上的树木进行相间排列，具有高低层次和韵律的变化，但是如果树种超过三种，则会显得杂乱无章。

2. 树种选择

选择树冠体形比较整齐、耐修剪、树干高、抗病虫害的树种，而不选择枝叶稀疏、树冠体形不端正的树种。树列的株行距，取决于树种的特点，一般乔木 3 ～ 8 m，甚至更大，而灌木为 1 ～ 5 m，过密则成了绿篱。

3. 树列的应用

树列，可用于自然式园林的局部或规则式园林，如广场、道路两边、分车绿带、滨河绿带、办公楼前绿化等，行道树是常见的树列景观之一。

（二）行道树设计

行道树是有规律地在道路两侧种植乔木，用以遮阴而形成的绿带，是街道绿化最普遍、最常见的一种形式。

1. 设计形式

行道树种植形式有很多，常用的有树池式和树带式两种。

（1）树池式

它是指在人行道上设计几何形的种植池，用来种植行道树，经常用于人流量大或路面狭窄的街道上。由于树池的占地面积比较小，因此，可留出较多的铺装面积来满足交通的需要。形状有正方形、长方形、圆形，正方形以 1.5 m×1.5 m 为宜，最小不小于 1 m×1 m；长方形树池以 1.2 m×1.2 m 为宜，长短边之比不超过 1 ∶ 2；圆形直径则不小于 1.5 m，行道树的栽植位置一般位于树池的几何中心。

（2）树带式

它是指在人行道和非机动车道之间以及非机动车道和机动车道之间，留出一条不加铺装的种植带。种植带的宽度因道路红线而定，但最小不得小于 1.5 m，可以种植一行乔木或乔、灌木间种。当种植带较宽时，可种植两行或多行乔木，同时为丰富道路景观，可在树带中间种植灌木、花卉或用绿篱加以围合。

2. 树种选择

行道树的根系只能在限定的范围内生长，加之城市尘土及有害气体的危害，机械和人为的损伤，因此，对于行道树的选择要求比较严格，一般选择适应性强、易成活、树姿端正、体形优美、叶色富于季相变化、无飞絮、耐修剪、不带刺、遮阴效果好、对水肥要求不高、病虫害少、浅根系的乡土树种。

3. 设计距离

行道树设计必须考虑树木之间、树木与建筑物、构筑物之间、植物与地下管道线及地下构筑物之间、树木与架空线路之间的距离，使树木既能充分生长，又不妨碍建筑设施的安全。行道树的株距以成年树冠郁闭效果为最好，多用 5 m 的株距，一些高的乔木，也用 6 ～ 8 m 的株距，有时也采取密植的办法，以便取得较好的绿化效果，树木长大后可间伐抽稀，定植到 5 ～ 6 m 为宜。

4. 安全视距

为了保证行车安全，在道路交叉口必须留出一定的安全距离，使司机在这段距离内能看到侧面道路上的车辆，并有充分刹车和停车的时间而不致发生事故。这种从发觉对方汽车并立即刹车而能够停车的距离，称为“安全视距”。根据两条相交道路的两个最短视距，可在交叉口转弯处绘出一个三角形，称为“视距三角形”。在此三角区内不能有建筑物、杆柱、树木等遮蔽司机视线，即便是绿化，植物的高度也不能超过 0.7 m。

二、孤景树与对植设计

（一）孤景树设计

孤景树也称孤植树，是指乔木孤立种植的一种形式，主要表现个体美。孤景树并非只种一棵树，有时为了构图需要，以增强其雄伟的感觉，常用两株或三株同种树紧密地种在一起（一般以成年树为准，种植距离在 1.5 m 左右为宜），以形成一个单元，远看和单株植物效果相同。

1. 孤景树的作用

孤景树的作用有观赏性、纪念性、标志性。首先，是园林构图艺术上的需要，给人以雄伟挺拔、繁茂深厚的艺术感染，或给人以绚丽缤纷、暗香浮动的美感；其次，是孤景树可以起到庇荫之用。

2. 树种的选择

孤景树应选择那些具有枝条开展、姿态优美、轮廓富于变化、生长旺盛、成荫效果好、花繁叶茂等特点的树种，常用的有雪松、油松、五针松、白皮松、云杉、白桦、白玉兰、七叶树、红枫、元宝枫、枫香、悬铃木、银杏、麻栎、乌桕、垂柳、鹅掌楸、榕树、朴树等。

3. 孤景树的位置

孤景树是园林植物造景中较为常见的一种形式，其位置的选择主要考虑四个方面。

最好布置在开阔的人工草坪中，一般不宜种植在草坪几何构图中心，应偏于一端，安置在构图的自然重心上，四周要空旷，留有一定观赏视距。

配置在眺望远景的山冈上，既可供游人纳凉、赏景，又能丰富山冈的天际线。

布置在开朗的水边、河畔等，以清澈的水色做背景，游人可以庇荫、观赏远景。

布置在公园铺装广场的边缘、人流较少的区域等地方，可结合具体情况灵活布置。

（二）对植设计

对植是指用两株或两丛相同或相似的树木，按一定的轴线关系左右对称或均衡种植的方式。

1. 对植设计形式

对植设计形式，通常有对称式和均衡式两种。对称式是指采用同种同龄的树木，按对称轴线做对称布置，给人以端庄、严肃之感，常用于规则式植物种植中。均衡式是指种植在中轴线的两侧，采取同一树种（但大小、树姿稍有不同）或不同树种（树姿相似），树木的动势趋向中轴线，其中稍大的树木离中轴线的距离近些，较小的要较远，且两树种植点的连线与中轴线不成直角，也可在数量上有所变化，比如左侧是株大树，右侧是同种两株小树，给人以生动活泼之感，常用于自然式植物种植中。

2. 树种的选择

在对植设计中，对树种的选择要求不太严格，无论是乔木，还是灌木，只要树形整齐美观均可采用，对植的树木要在体形、大小、高矮、姿态、色彩等方面与主景和周围环境协调一致。

3. 树种的应用

在园林景观中，对植始终作为配景或夹景，起陪衬和烘托主景的作用，并兼有庇荫和装饰美化的作用，通常用于广场出入口两侧、台阶两侧、建筑物前、桥头、道路两侧以及规则式绿地等。

三、树丛设计

树丛，通常是由两株到十几株同种或不同种树木组合而成的种植类型，主要体现树木的群体美，彼此之间既有统一的联系，又有各自的变化。配植树丛的地面，可以是自然植被、草坪、草花地，也可以配置山石或台地。

（一）树丛设计形式

1. 两株树丛

两株植物的配植既要有协调，又要有对比，如果两株植物的大小、树姿等一致，则显得呆板；如果两株植物差异过大，对比过于强烈，又难于均衡。最好是同一树种，或外观相似的不同树种，并且在大小、树姿、动势等方面有一定程度的差异，这样配植在一起，显得生动活泼，正如明朝画家龚贤所言："两株一丛，必一俯一仰、一欹一直、一向左一向右，一有根一无根，一平头一锐头，二根一高一下。"两株植物的栽植间距应小于两树冠的一半，可以比小的一株的树冠还要小，这样才能成为一个整体。

2. 三株树丛

三株植物的配植，最好同为一个树种。如果是两个不同树种，宜同为常绿或落叶，同为乔木或灌木。树种差异不宜过大，一般很少采用三株异种的树丛配置，除非它们的外观极为相似。三株丛植，立面上大小、树姿等要有对比；平面上忌在同一条直线上，也不要按等边三角形栽植，最大的一株和最小的一株靠近组成一组，中等大小的一株稍远为另一组，这两小组在动势上要有呼应，顾盼有情，形成一个不可分割的整体。正如明朝画家龚贤之言："三株一丛，第一株为主树，第二第三为客树。""三树一丛，则二株宜近，一株宜远，以示别也。近者曲而俯，远者宜直而仰。三株一丛，二株枝相似，另一株宜变，二株以上，则一株宜横出，或下垂似柔非柔……""三株不宜结，亦不宜散，散则无情，结是病。"

3. 四株树丛

四株树丛的配植，在树种的选择上，可以为相同的树种（在大小、距离、树姿等方面不同），也可以为两种不同的树种（但要同为乔木、同为灌木），如果三种以上的树种或大小悬殊的乔灌配置在一起，就不宜协调统一，原则上不宜采用。四株树组合，不能种在一条直线上，要分组栽植，但不能两两组合，也不要任意三株成一直线，可分两组或三组，呈 3 ∶ 1 组合（三株较靠近，另一株远离）或 2 ∶ 1 ∶ 1 组合（两株一组，另外两株各为一组且相互距离均不等）。如果四株树种相同时，应使最大的和最小的成一组，第二、三位的两株各成一组（2 ∶ 1 ∶ 1），或者其中一株与最大、最小组合在一起，另一株分离（3 ∶ 1）；如果四株树种不同时，其中三株为一树种，一株为另一树种，这单独的一株大小应适中，且不能单成一组，而要和另一树种的两株树成一个三株混植的一组。在这一组中，这一株和另外一株靠近，在两小组中，居于中间，不宜靠边。

4. 五株树丛

五株树丛可为相同树种（动势、树姿、间距等方面不同），最理想的组合方式为3 ∶ 2（最大一株要位于三株的小组中，三株的小组与三株树丛相同，两株的小组与两株树丛相同，两小组要有动势呼应），此外还有 4 ∶ 1 组合（单株的一组，大小最好是第二或第三，两小组要有动势）。也可以为不相同的两个树种，如果是 3 ∶ 2 组合，不宜把同种的三株种在同一单元，而另一树种的两株种在同一单元：如果是 4 ∶ 1 组合，应使同一树种的三株分别植于两个小组中，而另一树种的两株树不宜分离，最好配植在同一组合的小组中，如果分离，则使其中一组置于另一树种的包围之中。

树木的配植，株数越多，则配置越复杂，但有一定的规律可循：孤植和两株丛植是基本方式，而三株是由一株和两株组成，四株则由一株和三株组成，五株可由一株和四株或两株和三株组成，六七株、八九株同样，以此类推。

（二）树丛设计的应用

树丛的应用比较广泛，有做主景的，有做诱导的，有做庇荫的，有做配景的。

做主景的树丛：可配植在人工草坪的中央、水边、河旁、岛上或小山冈上等。

做诱导的树丛：布置在出入口、道路交叉口和弯道上，诱导游人按设计路线欣赏景观。

做庇荫的树丛：通常是高大的乔木。

做配景的树丛：多为灌木。

四、树群设计

群植，即组合栽植，数量在 20 ～ 30 株，主要是体现植物的群体美。

（一）树群设计形式

树群可分为单纯树群和混交树群。单纯树群是指由同一种树木组成，特点是气势大，整体统一，突出量化的个性美。混交树群是指由不同品种的树木组成，特点是层次丰富，接近自然，通常由乔木层、亚乔木层、大灌木层、小灌木层、多年生草本五部分组成，分布原则是，乔木层在中央，四周是亚乔木层，灌木在最外缘，每一部分都要显露出来，以突出观赏特征。

（二）树种的选择

混交树群设计，应从群落的角度出发，乔木层选用姿态优美、林冠线富于变化的阳性树种；亚乔木层选用开花繁茂、叶色美丽的中性树种或稍能耐阴的树种；灌木应以花木为主，多为半阴性或野生树种，草本植被选用多年野生花卉为主，树种一般不超过 10 种，多会显得繁杂，最好选用 1 ～ 2 种作为基调树种，分布于树群各个部位；同时，还应注意树群的季相变化。

（三）树群的应用

树群在园林中应用广泛。通常布置在有足够距离的开敞场地上，如靠近林缘的草坪、宽广的林中空地、水中小岛屿、宽阔水面的水滨、小山的山坡等地方。树群主立面的前方，至少要在树群高的 4 倍，树群宽的 1.5 倍距离上，留出大片空地，以便游人欣赏景色。树群的配植要有疏密，不能成行成列栽植。

五、树林设计

树林也称林植，是指成片、成块大量种植乔灌木，以形成林地和森林景观。树林的设计形式可分为密林和疏林两种。

（一）密林

密林是指郁闭度为 0.7 ～ 1.0 的树林，一般不便于游人活动。密林有单纯密林和混交密林两种。

1. 单纯密林

树种的选择：单纯密林，通常是由一个树种组成的，由于它在园林构图上相对单一，季相变化也不丰富。因此，在树木的选择上，应选用那些生长健壮、适应性强、树姿优美等富于观赏特征的乡土树种，比如屿尾松、枫香、毛竹、白皮松、金钱松、水杉等树种。

单纯密林的应用：在园林构图上，树木种植的间距应有疏有密，且疏密自然，同时，还应随着地形的变化，林冠线也随之富于变化，或配植同一树种的孤植树或树丛等，来丰富林缘线的曲折变化，使单纯密林具有雄伟的气势，给人以波澜壮阔、简洁明快之美感。

2. 混交密林

树种的选择：混交密林是指一个具有多层结构的植物群落，季相变化颇为丰富，景观华丽多彩。在植物的选择上，要特别注重植物对生态因子的要求、乔灌木的比例，以及常绿树和落叶树的混交形式。

混交密林的应用：大面积混交密林的植物组合方式多采用片状或带状配置，如果面积较小时，常用小块和点状配置，最好是常绿与落叶树穿插种植，种植间距疏密相宜，如冬天有充足的阳光洒落，夏天有足够的绿荫遮挡。在供游人观赏的林缘部分，其垂直的成层景观要十分突出，但也不宜全部种满，应留有一定的风景透视线，使游人可观赏到林地内幽远之境，如有回归大自然之感，因此可设园路伸入林中。

（1）单纯密林

为了使单纯树种景观丰富，常采用异龄树种加林下草本植被的配置，如种植开花艳丽的耐阴或半耐阴的草本植物。

（2）混交密林

除了满足植物对生态因子的需求外，还要兼顾植物层次和季相变化。

（二）疏林

疏林常与草地结合，因此又称疏林草地，郁闭度为0.4～0.6，是园林中应用最多的一种形式。

1. 树种选择

疏林要选择树姿优美、生长健壮、树冠疏朗开展或具有较高观赏价值的树木，并以落叶树种为多，如合欢、白桦、银杏、枫香、玉兰、鹅掌楸、樱花、桂花、丁香等，林下草地应该选择耐践踏、绿叶期长的草种，便于人们在上面开展活动。

2. 疏林的应用

疏林树木间距一般为10～20 m，以不小于成年树的树冠为准，林间须留出较多的空地，形成草地或草坪，游人在草坪上，可进行多种形式的游乐活动，如观赏景色、看书、摄影、野餐等。

六、林带设计

林带是指数量众多的乔木林、灌木林，一般树种呈带状种植，是列植的扩展种植。

（一）设计形式

林带，多采用规则式种植，也有采用自然式种植。林带与列植的不同在于：林带树木的种植不能成行、成列、等距离地栽植，天际线要起伏变化，多采用乔木、灌木树种结合，而且树种要富于变化，以形成不同的季相景观。

（二）树种的选择

在园林绿地中，一般选用 1 ～ 2 种树木，多为高大的乔木，树冠枝叶繁茂的树种，常用的有水杉、杨树、栾树、刺槐、火炬松、白桦、银杏、桧柏、山核桃、柳杉、池杉、落羽杉、女贞等。

（三）林带的应用

在园林绿地中，林带多应用于周边环境、路边、河滨等地，具有较好的遮阳、除噪、防风、分割空间等作用。

（四）林带的株距

在园林绿地中，林带的株距视树种特性而定，一般为 1 ～ 6 m，窄冠幅的小乔木株距较小，树冠开展的高大乔木则株距较大，总之，以树木成年后树冠能交接为准。

七、植篱设计

植篱是由灌木或小乔木以相等的株行距，栽植成单行或双行，排列紧密的绿带形式。园林绿地中，植篱常用作边界、空间划分、屏障或作为花坛、花境、喷泉、雕塑的背景与基础造景等。

（一）植篱设计形式

1. 按高度划分

根据高度的不同，绿篱可分为矮绿篱、中绿篱、高绿篱和绿墙四种。

（1）矮绿篱

绿篱高度在 50 cm 以下，人们可不费力地跨过，一般选择株体矮小或枝叶细小、生长缓慢、耐修剪的树种。矮绿篱，具有象征性划分园林空间的作用。

（2）中绿篱

绿篱高度为50～120 cm，人们比较费事才能跨过，这是园林中最常用的绿篱类型，即为人们所说的绿篱。中绿篱，具有分隔园林空间、诱导游人赏景的作用。

（3）高绿篱

绿篱高度为120～160 cm，人们的视线可以通过，但人不能跨过。高绿篱，经常用作园林绿地的空间分隔与防护或者组织交通。

（4）绿墙绿篱

高度在160 cm以上，人们的视线不能通过，如桧柏、珊瑚树等。绿墙，具有分隔园林空间、阻挡游人视线或做背景的作用。

2. 按功能与观赏要求划分

根据功能与观赏要求的不同，可分为常绿篱、落叶篱、花篱、果篱、刺篱、蔓篱、编篱等。

常绿篱：由常绿树设计而成，是园林运用较多的一种绿篱，常用的有千头柏、大叶黄杨、瓜子黄杨、桧柏、侧柏、雀舌黄杨、蜀桧、石楠、茶树、香柏、海桐、中山柏、铅笔柏、岁汉松、云杉、珊瑚树、冬青等。

落叶篱：由落叶树组成，东北、华北地区常用，主要有水腊、榆树、丝棉木、紫穗槐、柽柳、雪柳、小叶女贞等。

花篱：由观花树木组成，是园林中较为精美的绿篱。主要有桂花、栀子花、茉莉、六月雪、凌霄、迎春、木槿、麻叶绣球、日本绣线菊、金钟花、珍珠梅、月季、杜鹃、郁李、黄刺玫、棣棠等。

果篱：由观果树木组成，常用的树种有紫珠、小檗、枸骨、火棘、金银木等，为了不影响观赏效果，一般不做过重的修剪。

刺篱：在园林中为了防范之用，常用带刺的植物作为绿篱，常用树种有枸骨、枸橘、花椒、胡颓子、酸枣、玫瑰、蔷薇、云实、柞木、马甲子、刺柏、红皮云杉、黄刺玫、小檗、火棘等。

蔓篱：指设计一定形式的篱架，并用藤蔓植物攀缘其上所形成的绿色篱体景观，主要用来围护和创造特色篱景。常用的植物有常春藤、爬山虎、紫藤、凌霄、三角花、木通、蔷薇、云实、扶芳藤、金银花、牵牛花、香豌豆、月光花、苦瓜等。

编篱：为了增加绿篱防范作用，避免游人或动物穿行，有时把绿篱的枝条编织起来，做成网状或格状式，以此增加绿篱牢固性。常用的植物有木槿、杞柳、紫薇等枝条柔软的树种。

（二）植篱的应用

1. 作为防范的边界物

在园林绿地中，用绿篱作为防范的边界，比用构筑物要显得有生机而且美观，它可以组织游人的游览路线，常用的有刺篱、高绿篱、绿墙等。

2. 作为规则式园林的区划线

规则式园林中，常以中绿篱作为分界线，以矮绿篱做花境的镶边或做模纹花坛、草坪图案。

3. 作为屏障和组织空间之用

为了减少互相干扰，常用绿篱或绿墙进行分区和屏障视线，以便分隔不同的空间，最好用常绿树组成高于视线的绿墙。如安静休息区和儿童活动区的分隔。

4. 作为花境、喷泉、雕塑的背景

在园林景观设计中，经常用常绿树修剪成各种形式的绿墙，作为喷泉和雕塑的背景，其高度要与喷泉和雕塑的高度相称，色彩以选用没有反光的暗色树种为好，作为花境景的绿篱一般为常绿的高绿篱、中绿篱。

5. 美化挡土墙

在各种绿地中，为避免挡土墙立面的枯燥，常在挡土墙的前方栽植绿篱，以便把挡土的市面美化起来。

八、花卉造景设计

花卉造景是指利用草本和木本植物进行组织景点，选择的花卉要开花鲜艳、姿态优美、花香浓郁，主要作用是烘托气氛、丰富园林景观。

（一）花坛设计

花坛是指在具有一定几何轮廓的种植床内，种植各种不同色彩的花卉，从而构成一幅具有鲜艳色彩或华丽纹样的装饰图案以供观赏。主要是表现植物的群体美，而不是植物的个体美。花坛在园林构图中常作为主景或配景。

1. 花坛设计形式

（1）独立花坛

它具有几何轮廓，作为园林构图的划分而独立存在。根据花坛所表现主题以及所用植物材料的不同，独立花坛可分为花丛花坛、模纹花坛、混合花坛三种形式。独立花坛的平面一般具有对称的几何形状，有单面对称的，也有多面对称的，其长短的差异不得大于三倍。独立花坛面积不宜太大，若是太大，必须与雕塑、喷泉或树丛等结合布置。常用作园林局部的主景，一般布置在建筑广场的中心、公园出入口的空旷地、大草坪的中央、道路的交叉口等处。

花丛花坛又称盛花花坛，以观花草本花卉盛开时，花卉本身华丽的群体美为表现主题，设计时以花卉的色彩为主，图案为辅，选用的花卉必须开花繁茂，在开花时，达到只见花、不见叶的景观效果。

模纹花坛又称毛毡花坛、嵌镶花坛、图案式花坛，采用不同色彩的花卉、观叶植物或花叶兼美的草本植物组成华丽的图案纹样来表现主题。其形式有平面模纹和立体模纹，平面模纹可修剪不同的图案纹样，注重平面及居高俯视效果；立体模纹可修剪成花篮、动物等，注重立面效果。模纹花坛选用的植物要求植株矮小、萌蘖性强、枝密叶细、耐修剪，五色堇等为常用。

混合花坛是花丛花坛和模纹花坛的混合，通常兼有华丽的色彩和精美的图案纹样，观赏价值较高。

（2）组合花坛

它由多个个体花坛组成一个不可分割的园林构图整体，有的呈轴对称，有的呈中心对称，在构图中心上，可以设计一个花坛，也可以设计喷泉、水池、雕塑、纪念碑或铺装场地等。多用于较大的规则式园林绿地空间、大型广场、公共建筑设施前。组合花坛的个体之间地面一般铺装，可以设置坐凳、坐椅或直接将花坛的植床壁设计成坐凳，人们既可以休息，又可以观赏景色。

（3）带状花坛

带状花坛是指设计宽度在 1m 以上，长比宽大 3 倍以上的长方形花坛。在连续的园林景观构图中，常作为主体景观来运用，具有较好的环境装饰美化效果和视觉导向作用，如在道路两侧、规则式草坪、建筑广场边缘、建筑物墙基等处均可设计带状花坛。

花坛的类型不止以上介绍的几种，还有连续花坛群、沉床花坛、浮水花坛等。

2. 花坛的设计原则

（1）花坛的布置要与周围的环境求得统一

花坛的布置一定要与周围的环境联系起来，比如，自然式的园林不宜用几何轮廓的独立花坛；作为主景的花坛，要做得突出一些，作为配景用的花坛要起到烘托主景的作用，不宜喧宾夺主；布置在广场上的花坛，面积要与广场成一定的比例，并注意交通功能上的要求。

（2）植物选择要因其类型和观赏时期的不同而异

花坛是以色彩、图案构图为主，选用1～2年生草本花卉，很少用木本植物和观叶植物。花丛花坛要求开花一致、花序高矮规格一致；模纹花坛以表现图案为主，最好用生长缓慢的多年生观叶植物。花坛用花宜选择株形整齐，具有多花性、花期长、花色鲜明、耐干燥、抗病虫害的品种，常用的有金鱼草、雏菊、翠菊、鸡冠花、石竹、矮牵牛、一串红、万寿菊、三色堇、百日草等。

（3）主题鲜明，注重美学，突出文化性

主题是造景思想的体现，是神韵之所在，特别是作为主景的花坛更应该充分体现其主题功能和目的，同时从花坛的形式、色彩、风格等方面都要遵循美学原则，展示文化内涵。

（二）花境设计

花境是以多年生草本花卉为主组成的带状景观，既要表现植物个体的自然美，又要注重植物自然组合的整体美，它是园林从规则式构图到自然式构图的一种过渡。平面形式与带状花坛相似，外轮廓较为规整，内部花卉可自由灵活布置。

1. 花境设计形式

花境的设计形式有单面欣赏和双面欣赏两种。

（1）单面欣赏的花境

花卉配置成一斜面，低矮的种在前面，高的种在后面，以建筑或绿篱作为背景，它的高度可以超过游人的视线，但是也不能超过太多。设计宽度为2～4 m，一般布置在道路两侧、建筑、草坪的四周。

（2）双面欣赏的花境

花卉植株低矮的种在两边，高的种在中间，但中间花卉高度不宜超过游人视线，因此，可供游人两面观赏，无需背景。一般布置在道路、广场、草地的中央等。

2. 花境的应用

花境在园林中应用的形式很多，常用的有五种形式。

（1）以绿篱为背景的花境

沿着园路边，设计一列单面欣赏的花境，花境的后面以绿篱为背景，绿篱以花境为点缀不仅可弥补绿篱的单调，而且可构成绝妙的一景，使两者相得益彰。

（2）与花架、游廊配合布置的花境

沿花架、游廊的建筑基台来布置花境，极大地丰富了园林景观，同时，还可在花境的一侧设置园路，游人在园路上就可欣赏到景色。

（3）布置在建筑物墙边缘的花境

建筑物墙体与地面相交的部分，过于生硬，缺少过渡，一般采用单面欣赏花境来缓和，从而使建筑物与地面环境取得协调，植物的高度宜控制在窗台以下。

（4）布置在道路上的花境

在园林设计中，道路上的花境常用的布置形式有两种：一是在道路中央布置双面观赏的花境；二是在道路两侧分别布置单面欣赏的花境，并使两列花境向中轴线集中，成为一个完整的园林构图，给人以美的享受。

（5）布置在围墙和挡土墙

围墙和挡土墙立面单调，为了绿化墙面，利用藤本植物作为基础种植，在围墙边的花境的前方布置单面欣赏的花境，墙面成为花境的背景。

（三）花台、花池与花丛设计

1. 花台设计

花台种植床较高，一般为40～100 cm，适合近距离观赏，以表现花卉的姿态、芳香、花色等综合美，在园林景观中，经常做主景或配景，布置在大型广场、道路交叉口、建筑入口等。花台形式有规则型和自然型两种，既可设计成单个的花台，又可设计成组合花台。

2. 花池设计

花池的种植床高度和地面相差不多，池缘一般用砖石作为围护，池中种植花木或配置山石小品，是我国传统园林中常用的植物种植形式。

3. 花丛设计

花丛是由 3 ～ 5 株，多则几十株花卉组成，无论是平面还是立面都属于自然式配置。花卉的选择种类不宜过多，间距要疏密有致，同一花丛色彩要有变化。花卉种类的选择，通常选用多年生且生长健壮的花卉，或选用野生花卉和自播繁衍的 1 ～ 2 年生花卉。常布置在树林外缘或园路小径的两旁、草坪的四周和疏林草地。

九、草坪设计

在园林中，作为开敞空间，为游人进行活动而专门铺设的，并经人工修剪成平整的草地称为草坪。在生态方面，有改善气候、杀菌、减少灰尘、净化空气、降温等作用；在景观方面，以绿地为底色，给人以视线开阔、心胸舒畅之感。

（一）草坪设计形式

草坪的设计形式多种多样，按草坪的作用和用途的不同，可分为游憩性草坪、体育草坪、观赏性草坪和护坡草坪等；按草坪的植物组成不同，可分为纯一草坪、混合草坪和缀花草坪；按草坪的季相特征与生活习性的不同，可分为夏绿草坪、冬绿草坪和常绿草坪；按设计形式的不同，可分为规则式草坪、自然式草坪。

（二）草坪植物选择

草坪植物的选择，要根据草坪的形式而定。

1. 游憩和体育草坪

选择耐践踏、耐修剪、适应性强的，如早熟禾、狗牙根、结缕草等。

2. 观赏草坪

要求植株低矮，叶片细小，叶色翠绿且绿叶期长，如天鹅绒草、早熟禾等。

3. 护坡草坪

要求根系发达、适应性强、耐干旱，如结缕草、白三叶、假俭草等。

（三）草坪的应用

在园林设计中，草坪的应用比较广泛，主要有以下三个方面：

1. 结合树木，划分空间

草坪具有开阔性的空间景观，最适用于面积较大的集中绿地，在植物配植上，选用树形高耸、树冠庞大的树种，配置在宽阔的草坪边缘，草坪中间则不配植层过多的树丛，树种要单纯，林冠线要整齐，边缘树丛要前后错落，这样才能显出一定的深度。

2. 作为地被，覆盖地面

在园林中，绿化以不露黄土为主，几乎所有的空地都可设置草坪，可以有效地防止水土流失和尘土飞扬，同时创造绿毯般的空间，丰富人的视野，给人以生机和力量。

3. 结合地形，组织景观

平地和缓坡设计游憩草坪；陡坡设计护坡草坪；山地设计树林景观；水边注意间隔延伸，起伏的草坪从山脚延伸到水边。

十、水体植物种植设计平地中的游憩性草坪

水是园林的灵魂，给人以清澈、亲切、柔美的感觉。园林中各类水体，无论在园林中是主景，还是配景，无一不借助植物来丰富水体的景观，通过水生植物对水体的点缀，犹如锦上添花，使景观更加绚丽。

（一）水生植物种植设计

水生植物种植设计，主要从以下四个方面考虑：

1. 疏密有致、若断若续，不宜过满

水中的植物布置不宜太满，应留出一定面积的活泼水面，使周围景物在水中产生倒影，形成一种虚幻的境域，丰富园林景观，否则，会造成水面拥挤，不能追求景观倒影而失去水体特有的景观效果，也不能沿水面四周种满一圈，显得单调、呆板，一般较小的水面，植物所占的面积不超过 1/3。

2. 植物种类、配植方式要因水体大小而异

若水池较小，可种一种水生植物；若水池较大，可考虑结合生产，选择不同的水生植物混植，除满足植物生态要求外，构图时要做到层次分明，植物的姿态、高矮、叶色等方面的对比调和要尽量考虑周全。

3. 植物选择要充分考虑植物的生态习性

水生植物按生态习性的不同，可分为沼生植物、漂浮植物、浮生植物三类。沼生植物根生于泥中，植株直立，挺出水面，一般生长在水深不超过 1 m 的浅水区，如荷花、芦苇、慈姑、千屈菜等；漂浮植物在深水、浅水中都能生长，并且繁殖迅速，有一定经济价值，如水浮莲、浮萍等；浮生植物种在浅水或稍深的水面上，根生于泥中，茎不挺出水面，又有叶、花浮于水面上，如芡实、睡莲等。

4. 安装设施，控制生长

水生植物生长迅速，如果不加以控制，很快就会在水面上蔓延，从而影响整个景观效果。为了控制水生植物的生长，常须在水下安置一些设施。如种植面积大，可用耐水湿的建筑材料砌筑种植床，这样可以控制其生长范围；如水池较小，一般设砖石或混凝土支墩，用盆栽植水生植物，放在支墩上，如水浅时可以不用支墩。

（二）水体驳岸边种植设计

水体驳岸边植物配植，不但能使岸边与水面融为一体，又对水面的空间景观起主导作用。

1. 土岸边的植物种植

自然土岸边的植物配植最忌等距离，用同一树种、同样大小，甚至整形修剪，绕岸四周栽一圈；应该结合地形、道路、岸线来配植，做到有近有远、有疏有密、若断若续、自然有趣，岸边植以大量花灌木、树丛及姿态优美的孤植树，尤其是变色叶的树木，做到四季有景。

2. 石岸边的植物种植

石岸有自然式石岸和规则式石岸两种。自然式石岸线条丰富，配以优美的植物线条及色彩可增添景色与趣味：规则式石岸线条生硬，通常用具有柔软枝条的植物来缓和。例如，苏州拙政园规则式的石岸边种植垂柳和南迎春，细长柔和的柳枝下垂至水面，圆拱形的南迎春枝条沿着笔直的石岸壁下垂至水面，丰富了生硬的石岸。

十一、攀缘植物种植设计

（一）攀缘植物设计形式

攀缘植物设计的形式有很多，常用的形式如下：

1. 廊、柱或架式

利用花廊、花架、柱体等建筑小品作为攀缘植物的依附物来造景，具有美化空间、遮阴等功能，一般选用一种攀缘植物种在边缘地面或种植池中。如果为了丰富植物种类，创造多种花木景观，也可选用几种形态与特性相近的植物。

2. 墙面式

为了打破建筑物、构筑物墙面的呆板、生硬，常在建筑物墙基部种植攀缘植物，进行垂直绿化，不仅增添了绿意，显得有生机，而且还能有效地防晒，这是占地面积最小、绿化面积大的一种设计形式。

3. 篱垣式

利用篱架、栅栏、铁丝网等作为攀缘植物的依附物来造景。篱垣式既有围护防范作用，又能起到美化环境的作用，因此，园林绿地中各种竹、木篱架、铁栅栏等多采用攀缘植物绿化，从而构成苍翠欲滴、繁花似锦、硕果累累的植物景观。

4. 垂帘式

一般用于建筑较高部位，并使植物茎蔓挂于空中，形成垂帘式的植物景观，如遮阳板、雨篷、阳台、窗台、屋顶边缘等处的绿化。垂帘式种植必须设计种植槽、花台、花箱或进行盆栽。

（二）攀缘植物选择

攀缘植物茎下柔弱纤细，自己不能直立向上生长，必须以某种特殊方式攀附于其他植物或物体上才能正常生长。在园林中，攀缘植物种类有很多，形态习性、观赏价值各有不同。因此，在设计时须根据具体景观功能、生态环境和观赏要求等做出不同的选择。常用的攀缘植物有：紫藤、常春藤、五叶地锦、三叶地锦、葡萄、猕猴桃、南蛇藤、美国凌霄、木香、葛藤、五味子、铁线莲、云实、丝瓜、扶芳藤、金银花、牵牛花、藤本月季、蔷薇、络石等。

（三）攀缘植物的应用

攀缘植物是一种垂直绿化植物，其优点在于利用较小土地和空间达到一定程度的绿化效果，人们经常用它来解决城市和某些建筑拥挤、地段狭窄，没有办法栽植乔木、灌木等地的绿化。多用于建筑墙面、花架、廊柱等处的绿化，具有丰富的立面景观。攀缘植物除绿化作用外，其优美的叶形、繁茂的花簇、艳丽的色彩、迷人的芳香及累累的果实等，都具有较高的观赏价值。

园林的生态环境各种各样，不同植物对生态环境要求也不相同，因此，设计时要注意选择合适的攀缘植物，如墙面绿化，向阳面要选择喜光、耐干旱的植物，而背面则要选择耐阴植物；南方多选用喜温树种，北方则必须考虑植物的耐寒能力。

以美化环境为主要种植目的，则要选择具有较高观赏价值的攀缘植物，并注意与攀附的建筑、设施的色彩、风格、高低等配合协调，以取得较好的景观效果。如灰色、白色墙面，选用秋叶红艳的植物就较为理想；如要求有一定彩色效果时，多选用观花植物，如多花蔷薇、三角花、云实、凌霄、紫藤等。

第五章　园林建筑小品设计

园林建筑小品是一个现代化城市公园中不可或缺的一部分，起到画龙点睛的重要作用。关于园林景观中的建筑设计主要从园林建筑的含义与特点、园林建筑的构图原则和园林建筑的空间处理三个方面进行简要概述。

第一节　园林建筑的含义特点与构图原则

一、园林与园林建筑

园林是指在一定的地域运用工程技术和艺术手段，通过改造地形（或进一步筑山、叠石、理水）、种植树木花草、营造建筑和布置园路等途径创作而成的自然环境和游憩境域。一般来说，园林的规模有大有小，内容有繁有简，但都包含着四种基本的要素，即土地、水体、植物和建筑。其中，土地和水体是园林的地貌基础，土地包括平地、坡地、山地，水体包括河、湖、溪、涧、池、沼、瀑、泉等。天然的山水需要加工、修饰、整理，人工开辟的山水讲究造型，还需要解决许多工程问题。因此，筑山和理水就逐渐发展成为造园的专门技艺。植物栽培最先是以生产和实用为目的，随着园艺科技的发展才有了大量供观赏之用的树木和花卉。现代园林中，植物已成为园林的主角，植物材料在园林中的地位就更加突出了。上述三种要素都是自然要素，具有典型的自然特征。在造园中必须遵循自然规律，才能充分发挥其应有的作用。

园林建筑是指在园林中具有造景功能，同时又能供人游览、观赏、休息的各类建筑物。在中国古代的皇家园林、私家园林和寺观园林中，建筑物占了很大比重，其类别很多，变化丰富，积累着中国建筑的传统艺术及地方风格，匠心巧构在世界上享有盛名。现代园林中建筑所占的比重需要大量地减少，但对各类建筑的单体仍要仔细观察和研究其功能、艺术效果、位置、比例关系，与四周的环境协调统一等。无论是古代园林，还是现代园林，通常都把建筑作为园林景区或景点的“眉目”来对待，建筑在园林中往往起到了画龙点睛的重要作用。所以，常常在关键之处，置以建筑作为点景的精华。园林建筑是构成园林诸要素中唯一经人工提炼，又与人工相结合的产物，能够充分表现人的创造和智慧，体现园林意境，并使景物更为典型和突出。建筑在园林中就是人工创造的具体表现，适宜的建筑不仅使园林增色，并更使园林富有诗意。由于园林建筑是由人工创造出来的，比起土地、水体、植物来，人工的味道更浓，受到自然条件的约束更少。建筑的多少、大小、式样、色彩等处理，对园林风格的影响很大。一个园林的创作，是要幽静、淡雅的山林、田园风格，还是要艳丽、豪华的趣味，也主要决定于建筑淡妆与浓抹的不同处理。园林建筑是由于园林的存在而存在的，没有园林与风景，就根本谈不上园林建筑这一种建筑类型。

二、园林建筑的功能

一般来说，园林建筑大都具有使用和景观创造两个方面的作用。

就使用方面而言，它们可以是具有特定使用功能的展览馆、影剧院、观赏温室、动物兽舍等；也可以是具备一般使用功能的休息类建筑，如亭、榭、厅、轩等；还可以是供交通之用的桥、廊、花架、道路等；此外，还有一些特殊的工程设施，如水坝、水闸等。

园林建筑的功能主要表现在它对园林景观创造方面所起的积极作用，这种作用可以概括为下列四个方面：

（一）点景

即点缀风景。园林建筑与山水、植物等要素相结合而构成园林中的许多风景画面，有宜于就近观赏的，有适于远眺的。在一般情况下，园林建筑常作为这些风景画面的重点和主景，没有这些建筑也就不成其为“景”，更谈不上园林的美景了。重要的建筑物往往作为园林的一定范围内甚至整座园林的构景中心，例如，北京北海公园中的白塔、颐和园中的佛香阁等都是园林的构景中心，整个园林的风格在一定程度上也取决于建筑的风格。

（二）观景

即观赏风景。以一幢建筑物或一组建筑群作为观赏园内景观的场所；它的位置、朝向、封闭或开敞的处理往往取决于得景的佳否，即是否能够使得观赏者在视野范围内摄取到最佳的风景画面。在这种情况下，大至建筑群的组合布局，小到门窗、洞口或由细部所构成的“框景”都可以利用作为剪裁风景画面的手段。

（三）范围空间

即利用建筑物围合成一系列的庭院；或者以建筑为主，辅以山石植物，将园林划分为若干空间层次。

（四）组织游览路线

以园林中的道路结合建筑物的穿插、“对景”和障隔，创造一种步移景异、具有导向性的游动观赏效果。

通常，园林建筑的外观形象与平面布局除了满足和反映特殊的功能性质之外，还要受到园林选景的制约。往往在某些情况下，甚至首先服从园林景观设计的需要。在做具体设计的时候，需要把它们的功能与它们对园林景观应该起的作用恰当地结合起来。

三、园林建筑的特点

园林建筑与其他建筑类型相比较，具有其明显的特征，主要表现为以下五点：

一是园林建筑十分重视总体布局，既主次分明，轴线明确，又高低错落，自由穿插。既要满足使用功能的要求，又要满足景观创造的要求。

二是园林建筑是一种与园林环境及自然景观充分结合的建筑。因此，在基址选择上，要因地制宜，巧于利用自然又融入自然之中。将建筑空间与自然空间融成和谐的整体，优秀的园林建筑是空间组织和利用的经典之作。“小中见大”“循环往复，以至无穷”是其他造园因素所无法与之相比的。

三是强调造型美观是园林建筑的重要特色，在建筑的双重性中，有时园林建筑美观和艺术性，甚至要重于其使用功能。在重视造型美观的同时，还要极力追求意境的表达，要继承传统园林建筑中寓意深邃的意境。要探索、创新现代园林建筑中空间与环境的新意。

四是小型园林建筑因小巧灵活，富于变化，常不受模式的制约，这就为设计者带来更多的艺术发挥的余地，真可谓无规可循，构园无格。

五是园林建筑色彩明朗，装饰精巧。在中国古典园林中，建筑有着鲜明的色彩。北京古典园林建筑色彩鲜艳，南方第宅园林则色彩淡雅。现代园林建筑其色彩多以轻快、明朗为主，力求表现园林建筑轻巧、活泼、简洁、明快的性格。在装饰方面，不论古今园林建筑都以精巧的装饰取胜，建筑上善于应用各种门洞、漏窗、花格、隔断、空廊等，构成精巧的装饰，尤其将山石、植物等引入建筑，使装饰更为生动，成为建筑上得景的画面。因此，通过建筑的装饰增加园林建筑本身的美，更主要是通过装饰手段使建筑与景致取得更密切的联系。

四、园林建筑的构图原则

建筑构图必须服务于建筑的基本目的，即为人们建造美好的生活和居住的使用空间，这种空间是建筑功能与工程技术和艺术技巧结合的产物，都需要符合适用、经济、美观的基本原则，在艺术构图方法上也都要考虑诸如统一、变化、尺度、比例、均衡、对比等原则。然而，由于园林建筑与其他建筑类型在物质和精神功能方面有许多不同之处，因此，在构图方法上就与其他类型的建筑有差异，有时在某些方面表现得更为突出，这正是园林建筑本身的特征。园林建筑构图原则概括起来有以下几方面：

（一）统一

园林建筑中各组成部分，其体形、体量、色彩、线条、风格具有一定的相似性或一致性，给人以统一感，可产生整齐、庄严、肃穆的感觉；与此同时，为了克服呆板、单调之感，应力求在统一之中有变化。

在园林建筑设计中，大可不必为搞不成多样的变化而担心，即用不着惦记组合成所必需的各种不同要素的数量，园林建筑的各种功能会自发形成多样化的格局，当要把园林建筑设计得能够满足各种功能要求时，建筑本身的复杂性势必会演变成形式的多样化，甚至一些功能要求很简单的设计，也可能需要一大堆各不相同的结构要素。因此，一个园林建筑设计师的首要任务就应该是把那些势在难免的多样化组成引人入胜的统一。园林建筑设计中获得统一的方式有以下四种：

1. 形式统一

颐和园的建筑物，都是按当时的《清代营造则例》中规定的法式建造的。木结构、琉璃瓦、油漆彩画等，均表现出传统的民族形式，但各种亭、台、楼、阁的体形、体量、功能等，都有十分丰富的变化，给人的感觉是既多样又有形式的统一感。除园林建筑形式统一之外，在总体布局上也要求形式上的统一。

2. 材料统一

园林中非生物性的布景材料，以及由这些材料形成的各类建筑及小品，也要求统一。例如同一座园林中的指路牌、灯柱、宣传画廊、座椅、栏杆、花架等，常常是具有机能和美学的双重功能，点缀在园内制作的材料都是需要统一的。

3. 明确轴线

建筑构图中常运用轴线来安排各组成部分间的主次关系。轴线可强调位置，主要部分安排在主轴上，从属部分则在轴线的两侧或周围。轴线可使各组成部分形成整体，这时等量的二元体若没有轴线则难以构成统一的整体。

4. 突出主体

同等的体量难以突出主体，利用差异作为衬托，才能强调主体，可利用体量大小的差异、高低的差异来衬托主体，由三段体的组合可看出利用衬托以突出主体的效果。在空间的组织上，也同样可以用大小空间的差异与衬托来突出主体。通常，以高大的体量突出主体，是一种极有成效的手法，尤其在有复杂的局部组成中，只有高大的主体才能统一全局，如颐和园的佛香阁。

（二）对比

在建筑构图中利用一些因素（如色彩、体量、质感）的程度上的差异来取得艺术上的表现效果。差异程度显著的表现称为对比。对比使人们对造型艺术品产生深刻的和强烈的印象。对比使人们对物体的认识得到夸张，它可以对形象的大小、长短、明暗等起到夸张作用。在建筑构图中常用对比取得不同的空间感、尺度感或某种艺术上的表现效果。

1. 大小对比

一个大的体量在几个较小体量的衬托下，大的会显得更大，小的则更显小。因此，在建筑构图中常用若干较小的体量来与一个较大的体量进行对比，以突出主体，强调重点。在纪念性建筑中常用这种手法取得雄伟的效果。如广州烈士陵园南门两侧小门与中央大门形成的对比。

2. 方向的对比

方向的对比同样得到夸张的效果。在建筑的空间组合和立面处理中，常常用垂直与水平方向的对比以丰富建筑形象。常用垂直上的体形与横向展开的体形组合在一座建筑中，以求体量上不同方向的夸张。

横线条与直线条的对比，可使立面划分得更丰富。但对比应恰当，不恰当的对比即表现为不协调。

3. 虚实的对比

建筑形象中的虚实，常常是指实墙与空洞（门、窗、空廊）的对比。在纪念性建筑中常用虚实对比形成严肃的气氛。有些建筑由于功能要求形成大片实墙，但艺术效果上又不需要强调实墙面的特点，则常加以空廊或做质地处理，以虚实对比的方法打破实墙的沉重与闭塞感。实墙面上的光影，也形成虚实对比的效果。

4. 明暗的对比

在建筑的布局中可以通过空间疏密、开朗与闭锁的有序变化，形成空间在光影、明暗方面产生的对比，使空间明中有暗，暗中有明，引人入胜。

5. 色彩的对比

色彩的对比主要是指色相对比，色相对比是指两个相对的补色为对比色，如红与绿、黄与紫等；或指色度对比，即颜色深浅程度的对比。在建筑中色彩的对比，不一定要找对比色，而只要色彩差异明显的即有对比的效果。中国古典建筑色彩对比极为强烈，如红柱与绿栏杆的对比，黄屋顶与红墙、白台基的对比。

此外，不同的材料质感的应用也构成良好的对比效果。

（三）均衡

在视觉艺术中，均衡是任何现实对象中都存在的特性，均衡中心两边的视觉趣味中心，分量是相当的。由均衡所形成的审美方面的满足，似乎和眼睛“浏览”整个物体时的动作特点有关。假如，眼睛从一边向另一边看去，觉得左右两半的吸引力是一样的，人的注意力就会像摆钟一样来回游荡，最后停在两极中间的一点上。如果把这个均衡中心有力地加以标定，以至使眼睛能满意地在上面停息下来，这就在观者的心目中产生了一种健康而平静的瞬间。

由此可见，具有良好均衡性的艺术品，必须在均衡中心予以某种强调，或者说，只有容易察觉的均衡才能令人满足。建筑构图应遵循这一自然法则。建筑物的均衡，关键在于有明确的均衡中心（或中轴线），如何确定均衡中心，并加以适当的强调，这是构图的关键。均衡有两种类型：对称均衡与不对称均衡。

1. 对称均衡

在这类均衡中，建筑物对称轴线的两旁是完全一样的，只要把均衡中心以某种巧妙的手法来加以强调，立刻给人一种安定的均衡感。

2. 不对称均衡

不对称均衡要比对称均衡的构图更需要强调均衡中心，要在均衡中心加上一个有力的“强音”。另外，也可利用杠杆的平衡原理，一个远离均衡中心、意义上较为次要的小物体，可以用靠近均衡中心、意义上较为重要的大物体来加以平衡。均衡不仅表现在立面上，而且在平面布局上、形体组合上都应加以注意。

（四）韵律

在视觉艺术中，韵律是任何物体的诸元素成系统重复的一种属性，而这些元素之间具有可以认识的关系。在建筑构图中，这种重复当然一定是由建筑设计所引起的视觉可见元素的重复。如光线和阴影，不同的色彩、支柱、开洞及室内容积等，一个建筑物的大部分效果，就是依靠这些韵律关系的协调性、简洁性以及威力感来取得的。园林中的走廊以柱子有规律的重复形成强烈的韵律感。

建筑构图中韵律的类型大致有以下几种：

1. 连续韵律

连续韵律是指在建筑构图中由于一种或几种组成部分的连续重复排列而产生的一种韵律。连续韵律可做多种组合。

（1）距离相等、形式相同，如柱列；或距离相等、形状不同，如园林展窗。

（2）不同形式交替出现的韵律：如立面上窗、柱、花饰等的交替出现。

（3）上、下层不同的变化而形成韵律，并有互相对比与衬托的效果。

2. 渐变韵律

在建筑构图中其变化规则在某一方面做有规律的递增或做有规律的递减所形成的规律。如中国塔是典型的向上递减的渐变韵律。

3. 交错韵律

在建筑构图中，各组成部分有规律地纵横穿插或交错产生的韵律。其变化规律按纵横两个方向或多个方向发展，因而是一种较复杂的韵律，花格图案上常出现这种韵律。

韵律可以是不确定的、开放式的，也可以是确定的、封闭式的。只把类似的单元做等距离的重复，没有一定的开头和一定的结尾，这叫作开放式韵律。在建筑构图中，开放式韵律的效果是动荡不定的，含有某种不限定和骚动的感觉。通常在圆形或椭圆形建筑构图中，处理成连续而有规律的韵律是十分恰当的。

（五）比例

比例是各个组成部分在尺度上的相互关系及其与整体的关系。建筑物的比例包含两方面的意义：一方面是指整体上（或局部构件）的长、宽、高之间的关系；另一方面是指建筑物整体与局部（或局部与局部）之间的大小关系。园林建筑推敲比例与其他类型的建筑有所不同，一般建筑类型只须推敲房屋内部空间和外部体形从整体到局部的比例关系，而园林建筑除了房屋本身的比例外，园林环境中的水、树、石等各种景物，因须人工处理也存在推敲其形状、比例问题。不仅如此，为了整体环境的协调，还特别需要重点推敲房屋和水、树、石等景物之间的比例协调关系。影响建筑比例的因素有以下几点：

1. 建筑材料

古埃及用条石建造宫殿，跨度受石材的限制，所以廊柱的间距很小；以后用砖结构建造拱券形式的房屋，室内空间很小而墙很厚；用木结构的长远年代中屋顶的变化才逐渐丰富起来；近代混凝土的崛起，一扫过去的许多局限性，突破了几千年的老框框，园林建筑也为之丰富多彩，造型上的比例关系也得到了解放。

2. 建筑的功能与目的

为了表现雄伟，建造宫殿、寺庙、教堂、纪念堂等都常常采取大的比例，某些部分可能超出人的生活尺度要求，借以表现建筑的崇高而令人景仰，这是功能的需要远离了生活的尺度。这种效果以后又被利用到公共建筑、政治性建筑、娱乐性建筑和商业性建筑性，以达到各种不同的目的。

3. 建筑艺术传统和风俗习惯

如中国廊柱的排列与西洋的就不相同，它具有不同的比例关系。江南一带古典园林建筑造型式样轻盈清秀是与木构架用材纤细，如细长的柱子、轻薄的屋顶、高翘的屋角、纤细的门窗栏杆细部纹样等在处理上采用一种较小的比例关系是分不开的。同样，粗大的木构架用材，如较粗壮的柱子、厚重的屋顶、低缓的屋角起翘和较粗实的门窗栏杆细部纹样等采用了较大的比例，因而构成了北方皇家园林浑厚端庄的造型式样及其豪华的气势。

现代园林建筑在材料结构上已有很大发展，以钢、钢筋混凝土、砖石结构为骨架的建筑物的可塑性很大，非特别情况不必去抄袭模仿古代的建筑比例和式样，而应有新的创造。在其中，如能适当蕴含一些民族传统的建筑比例韵味，取得神似的效果，亦将会别开生面。

4. 周围环境

园林建筑环境中的水、树姿、石态优美与否是与它们本身的造型比例，以及它们与建筑物的组合关系紧密相关的，同时它们受人们主观审美要求的影响。水本无形，形成于周界，或溪或池，或涌泉或飞瀑，因势而别；树木有形，树种繁多，或高直或低平，或粗壮对称，或袅娜斜探，姿态万千；山石亦然，或峰或峦，或峭壁或石矶，形态各异。这些景物本属天然，但在人工园林建筑环境中，在形态上究竟采取何种比例为宜，则决定于与建筑在配合上的需要；而在自然风景区则情形相反，是以建筑物配合山水、树石为前提。在强调端庄气氛的厅堂建筑前宜取方整规则比例的水池组成水院；强调轻松活泼气氛的庭院，则宜曲折随意地组织池岸，亦可仿曲溪沟泉，但须与建筑物在高低、大小、位置上配合协调。树石设置，或孤植、群植，或散布、堆叠，都应根据建筑画面构图的需要认真推敲其造型比例。

（六）尺度

和比例密切相关的另一个建筑特性是尺度。在建筑学中，尺度这一特性能使建筑物呈现出恰当的或预期的某种尺寸，这是一个独特的似乎是建筑物本能上所要求的特性。人们都乐于接受大型建筑或重点建筑的巨大尺寸和壮丽场面，也都喜欢小型住宅亲切宜人的特点。寓于物体尺寸中的美感，是一般人都能意识到的性质，在人类发展的早期，对此就已经有所觉察。所以，当人们看到一座建筑物尺寸和实际应有尺寸完全是两码事的时候，人们本能地会感到扫兴或迷惑不解。

因此，一个好的建筑要有好的尺度，但好的尺度不是唾手可得的，而是一件需要苦心经营的事情，并且，在设计者的头脑里对尺度的考虑必须支配设计的全过程。要使建筑物有尺度，必须把某个单位引到设计中去，使之产生尺度，这个引入单位的作用，就好像一个可见的标杆，它的尺寸，人们可简易、自然和本能地判断出来，与建筑整体相比，如果这个单位看起来比较小，建筑就会显得大；若是看起来比较大，整体就会显得小。

人体自身是度量建筑物的真正尺度，也就是说，建筑的尺寸感，能在人体尺寸或人体动作尺寸的体会中最终分析清楚。因此，常用的建筑构件必须符合人们的使用要求而具有特定的标准，如栏杆、窗台为 1 m 高左右，踏步为 15 cm 左右，门窗为 2 m 左右，这些构件的尺寸一般是固定的，因此，可作为衡量建筑物大小的尺度。

尺度与比例之间的关系是十分亲切的。良好的比例常根据人的使用尺寸的大小形成，而正确的尺度感则是由各部分的比例关系显示出来的。

园林建筑构图中尺度把握的正确与否，其标准并非绝对，但要想取得比较理想的尺度，可采用以下方法：

1. 缩小建筑构件的尺寸，取得与自然景物的协调

中国古典园林中的游廊，多采用小尺度的做法，廊子宽度一般在1.5 m左右，高度伸手可及横楣，坐凳栏杆低矮，游人步入其中备感亲切。在建筑庭园中还常借助小尺度的游廊烘托突出较大尺度的厅、堂之类的主体建筑，并通过这样的尺度来取得更为生动活泼的协调效果。要使建筑物和自然景物尺度协调，还可以把建筑物的某些构件如柱子、屋面、基座、踏步等直接用自然山石、树枝、树皮等来替代，使建筑与自然景物得以相互交融。四川青城山有许多用原木、树枝、树皮构筑的亭、廊，与自然景色十分贴切，尺度效果亦佳。现代一些高层大体量的旅馆建筑，亦多采用园林建筑的设计手法，在底层穿插布置一些亭、廊、榭、桥等，用以缩小观景的视野范围，使建筑和自然景物之间互为衬托，从而获得室外空间亲切宜人的尺度。

2. 控制园林建筑室外空间尺度，避免削弱景观效果

这方面，主要与人的视觉规律有关：一般情况，在各主要视点赏景的控制视角为60°～90°，或视角比值 $H:D$（H 为景观对象的高度，在园林建筑中不只限于建筑物的高度，还包括构成画面中的树木、山丘等配景的高度，D 为视点与景观对象之间的距离）约在1∶11∶3之间。若在庭院空间中各个主要视点观景，所得的视角比值都大于1∶1，则将在心理上产生紧迫和闭塞的感觉；如果小于1∶3，这样的空间又将产生散漫和空旷的感觉。一些优秀的古典庭园，如苏州的网师园、北京颐和园中的谐趣园、北海画舫斋等的庭院空间尺度基本上都是符合这些视觉规律的。故宫乾隆花园以堆山为主的两个庭院，四周为大体量的建筑所围绕，在小面积的庭院中堆砌的假山过满过高，致使处于庭院下方的观景视角偏大，给人以闭塞的感觉。而当人们登上假山赏景的时候，却因这时景观视角的改变，不仅觉得亭子尺度适宜，而且整个上部庭院的空间尺度也显得亲切，不再有紧迫压抑的感觉。

以上讨论的问题是如何把建筑物或空间做得比它的实际尺寸明显地小些；与此相反，在某些情况下，则需要将建筑物或空间做得比它的实际尺寸明显大些，也就是试图使一个建筑物显得尽可能地大。欲达此目的，就应加大建筑物的尺度，一般可采用适当放大建筑物部分构件的尺寸来达到，以突出其特点，即采用夸张的尺度来处理建筑物的一些引人注目的部位，给人们留下深刻的印象。例如，古代匠师为了适应不同尺度和建筑性格的要求，房屋整体构造有大式和小式的不同做法。为了加大亭子的面积和高度，增大其体量，可采用重檐的形式，以免单纯按比例放大亭子的尺寸造成粗笨的感觉。

（七）色彩

色彩的处理与园林空间的艺术感染力有密切的关系。形、声、色、香是园林建筑艺术意境中的重要因素，其中形与色范围更广，影响也较大，在园林建筑空间中，无论建筑物、山、石、水体、植物等主要都以其形、色动人。园林建筑风格的主要特征大多也表现在形和色两个方面。中国传统园林建筑以木结构为主，但南方风格体态轻盈，色泽淡雅；北方则造型浑厚，色泽华丽。现代园林建筑采用玻璃、钢材和各种新型建筑装饰材料，造型简洁，色泽明快，引起了建筑形、色的重大变化，建筑风格正以新的面貌出现。

园林建筑的色彩与材料的质感有着密切的联系。色彩有冷暖、浓淡的差别，色彩感情和联想及其象征的作用可给人以不同的感受。质感则主要表现在景物外形的纹理和质地两个方面。纹理有直曲、宽窄、深浅之分，质地有粗细、刚柔、隐显之别。质感虽不如色彩能给人多种情感上的联想、象征，但它可以加强某些情调上的气氛。色彩和质感是建筑材料表现上的双重属性，两者相辅共存，只要善于去发现各种材料在色彩、质感上的特点，并利用韵律、对比、均衡等各种构图变化，就有可能获得良好的艺术效果。

运用色彩与质地来提高园林建筑的艺术效果，是园林建筑设计中常用的手法，在应用时应注意下面一些问题：

1. 注重自然景物的协调关系

作为空间环境设计，园林建筑对色彩和质感的处理除考虑建筑物外，各种自然景物相互之间的协调关系也必须同时进行推敲，应使组成空间的各要素形成有机的整体，以利于提高空间整体的艺术质量和效果。

2. 处理色彩质感的方法

处理色彩质感的方法，主要是通过对比或微差取得协调，突出重点，以提高艺术的表现力。

（1）对比

色彩、质感的对比与前面所讲的大小、方向、虚实、明暗等各个方面的处理手法所遵循的原则基本上是一致的。在具体组景中，各种对比方法经常是综合运用的，只在少数的情况下根据不同条件才有所侧重。在风景区布置点景建筑，如果突出建筑物，除了选择合适的地形方位和塑造优美的建筑空间体形外，建筑物的色彩最好采用与树丛山石等具有明显对比的颜色。如要表达富丽堂皇、端庄华贵的高档气势，建筑物可选用暖色调高彩度的琉璃瓦、门、窗、柱子，使得与冷色调的山石、植物取得良好的对比效果。

（2）微差

所谓微差是指空间的组成要素之间表现出更多的相同性，并使其不同性对比之下可以忽略不计时所具有的差异。园林建筑中的艺术情趣是多种多样的，为了强调亲切、宁静、雅致和朴素的艺术气氛，多采用微差的手法取得协调突出艺术意境。如成都杜甫草堂、望江亭公园、青城山风景区和广州兰圃公园的一些亭子、茶室，采用竹柱、草顶或墙、柱以树枝、树皮建造，使建筑物的色彩与质感和自然中的山石、树丛尽量一致。经过这样的处理，艺术气氛显得异常古朴、清雅、自然，耐人寻味，这些都是利用微差手法达到协调效果的典型事例。园林建筑设计，不仅单体可用上述处理手法，其他建筑小品如踏步、坐凳、园灯、栏杆等，也同样可以仿造自然的山与植物以与环境相协调。

（3）考虑色彩与质感的时候，视线距离的影响因素应予以注意

对于色彩效果，视线距离越远，空间中彼此接近的颜色因空气尘埃的影响就越容易变成灰色调；而对比强烈的色彩，其中暖色相对会显得愈加鲜明。在质感方面则不同，距离越近，质感对比越显强烈，但随着距离的增大，质感对比的效果也随之逐渐减弱。例如，太湖石是具有透、漏、瘦特点的一种质地光洁呈灰白色的山石，因其玲珑多姿、造型奇特，适宜散置近观，或用在小型庭园空间中筑砌山岩洞穴，如果纹理脉络通顺，堆砌得体，尺度适宜，景致必然十分动人；但若在大型庭园空间中堆砌大体量的崖岭峰峦，在视线较远时，由于看不清山形脉络，不仅达不到气势雄伟的景观效果，反而会给人以虚假和矫揉造作的感觉，若以尺度较大、体形方正的黄石或青石堆山，则显得更为自然逼真。

此外，建筑物墙面质感的处理也要考虑视线距离的远近，选用材料的品种和决定分格线条的宽窄和深度。如果视点很远，墙面无论是用大理石、水磨石、水刷石、普通水泥色浆，只要色彩一样，其效果不会有多大区别；但是，随着视线距离的缩短，材料的不同，以及分格嵌缝宽度，深度大小不同的质感效果就会显现出来。

以上是对园林建筑构图中所遵循的一些原则进行的简单介绍和分析，实际上艺术创作不应受各种条条框框限制，就像画家可以在画框内任意挥毫泼墨，雕塑家在转台前可以随意加减，艺术家的形象思维驰骋千里本无拘束。这里所谓“原则”只不过是总结前人在园林和园林建筑设计中所取得的艺术成果，找出一点儿规律性的东西，以供读者创

作或评议时提出点滴的线索而已，切不可被这些“原则”束缚住了手脚，那样的话，便事与愿违了。

第二节 园林建筑的空间处理

在园林建筑设计中，为了丰富对于空间的美感，往往需要采用一系列的空间处理手法，创造出“大中见小，小中见大，虚中有实，实中有虚，或藏或露，或浅或深”的富有艺术感染力的园林建筑空间；与此同时，还须运用巧妙的布局形式将这些有趣的空间组合成一个有机的整体，以便向人们展示出一个合理有序的园林建筑空间序列。

一、空间的概念

人们的一切活动都是在一定的空间范围内进行的。其中，建筑空间（包括室内空间、建筑围成的室外空间以及两者之间的过渡空间）给予人们的影响和感受最直接、最重要。

人们从事建造活动，花力气最多、花钱最多的地方是在建筑物的实体方面：基础、墙垣、屋顶等，但是人们真正需要的却是这些实体的反面，即实体所包围起来的“空”的部分，也就是所谓的“建筑空间”。因此，现代建筑师都把空间的塑造作为建筑创作的重点来看待。

人类对建筑空间的追求并不是什么新的课题，而是人类按自身的需求，不断地征服自然、创造性地进行社会实践的结果。从原始人定居的山洞、搭建最简易的窝棚到现代建筑空间，经历了漫长的发展历程，而推动建筑空间不断发展、不断创新的，除了社会的进步、新技术和新材料的出现，给创作提供了可能性外，最重要的、最根本的就是人们不断发展、不断变化着的对建筑空间的需求。人与世界接触，因关系及层次的不同而有着不同的境界，人们就要求创造出各种不同的建筑空间去适应不同境界的需要：人为了满足自身生理和心理的需要而建立起私密性较强、具有安全感的建筑空间；为满足家庭生活的伦理境界，而建造起了住宅、公寓；为适应宗教信仰的境界而建造起寺观、教堂；为适应政治境界而建造官邸、宫殿、政治大厦；为适应彼此的交流与沟通的需要而建造商店、剧院、学校……园林建筑空间是人们在追求与大自然的接触和交往中所创造的一种空间形式，它有其自身的特性和境界。人类的社会生活越发展，建筑空间的形式也必然会越丰富，越多样。

中国和西方在建筑空间的发展过程中，曾走过两条相当不同的道路。西方古代石结构体系的建筑，成团块状地集中为一体，墙壁厚厚的，窗洞小小的，建筑的跨度受到石料的限制而内部空间较小，建筑艺术加工的重点自然放到了“实”的部位。建筑和雕塑总是结合为一体，追求一种雕塑性的美，因此，人们的注意力也自然地集中到了所触及的外表形式和装饰艺术上。后来发展了拱券结构，建筑空间得到了很大程度的解放，于是建造起了像罗马的万神庙、公共浴场、哥德式的教堂，以及有一系列内部空间层次的公共建筑物，建筑的空间艺术有了很大发展，内部空间尤其发达，但仍未突破厚重实体的外框。

中国传统的木构架建筑，由于受到木材及结构本身的限制，内部的建筑空间一般比较简单，单体建筑比较定型。布局上，总是把各种不同用途的房间分解为若干幢单体建筑，每幢单体建筑都有其特定的功能与一定的“身份”，以及与这个“身份”相适应的位置，然后以庭院为中心，以廊子和墙为纽带把它们联系为一个整体。因此，就发展成了以“四合院”为基本单元形式的、成纵横向水平铺开的群体组合。庭院空间成为建筑内部空间的一种必要补充，内部空间与外部空间的有机结合成为建筑规划设计的主要内容。建筑艺术处理的重点，不仅表现在建筑结构本身的美化、建筑的造型及少量的附加装饰上，而且更加强调建筑空间的艺术效果，更精心地追求一种稳定的空间序列层次发展所获得的总体感受。中国古代的住宅、寺庙、宫殿等，大体都是如此。中国的园林建筑空间，为追求与自然山水相结合的意趣，把建筑与自然环境更紧密地配合，因而更加曲折变化、丰富多彩。

由此可见，除了建筑材料与结构形式上的原因外，由于中国与西方人对空间概念的认识不同，即形成两种截然不同的空间处理方式，产生了代表两种不同价值观念的建筑空间形式。

二、空间的处理手法

（一）空间的对比

为创造丰富变化的园景和给人以某种视觉上的感受，中国园林建筑的空间组织，经常采用对比的手法。在不同的景区之间，两个相邻而内容又不尽相同的空间之间、一个建筑组群中的主、次空间之间，都常形成空间上的对比。其中主要包括：空间大小的对比、空间虚实的对比、次要空间与主要空间的对比、幽深空间与开阔空间的对比、空间形体上的对比、建筑空间与自然空间的对比等。

1. 空间大小的对比

将两个显著不同的空间相连接，由小空间进入大空间便衬得后者更为阔大的做法，是园林空间处理中为突出主要空间而经常运用的一种手法。这种小空间可以是低矮的游廊，小的亭、榭，不大的小院，一个以树木、山石、墙垣所环绕的小空间，其位置一般处于大空间的边界地带，以敞口对着大空间，取得空间的连通和较大的进深。当人们处于任何一种空间环境中时，总习惯于寻找到一个适合自己的恰当"位置"。在园林环境中，游廊、亭轩的坐凳，树荫覆盖下的一块草坪，靠近叠石、墙垣的座椅，都是人们乐于停留的地方。人们愿意从一个小空间中去看大空间，愿意从一个安定的、受到庇护的小环境中去观赏大空间中动态的、变化着的景物。因此，园林中布置在周边的小空间，不仅衬托和突出了主体空间，给人以空间变化丰富的感受，而且也很适合于人们在游赏中心理上的需要，因此，这些小空间常成为园林建筑空间处理中比较精彩的部分。

空间大小对比的效果是相对的，它是通过大小空间的转换，在瞬时产生大小强烈的对比，会使那些本来不太大的空间显得特别开阔。例如，苏州古典园林中的留园、网师园等利用空间大小强烈对比而获得小中见大的艺术效果，就是典型的范例。

2. 空间形状的对比

园林建筑空间形状对比，一是单体建筑的形状对比，二是建筑围合的庭院空间的形状对比。形状对比主要表现在平、立面形式上的区别。方和圆、高直与低平、规则与自由，在设计时都可以利用这些空间形状上互相对立的因素，来取得构图上的变化和突出重点。

从视觉心理上来说，规矩方正的单体建筑和庭园空间易于形成庄严的气氛；而比较自由的形式，如三角形、六边形、圆形和自由弧线组合的平、立面形式，则易形成活泼的气氛。同样，对称布局的空间容易给人以庄严的印象；而不对称布局的空间则多为一种活泼的感受。庄严或活泼，主要取决于功能和艺术意境的需要。传统私家园林，主人日常生活的庭院多取规矩方正的形状，憩息玩赏的庭院则多取自由形式。从前者转入后者时，由于空间形状对比的变化，艺术气氛突变而倍增情趣。形状对比需要有明确的主从关系，一般情况主要靠体量大小的不同来解决。如北海公园里的白塔和紧贴前面的重檐琉璃佛殿，体量上的大与小、形状上的圆与方、色彩上的洁白与重彩、线条上的细腻与粗犷，对比都很强烈，艺术效果极佳。

3. 建筑与自然景物的对比

在园林建筑设计中，严整规则的建筑物与形态万千的自然景物之间包含着形、色、质感种种对比因素，可以通过对比突出构图重点获得景效。建筑与自然景物的对比，也要有主有从，或以自然景物烘托突出建筑，或以建筑烘托突出自然景物，使两者结合成协调的整体。风景区的亭榭空间环境，建筑是主体，四周自然景物是陪衬，亭、榭起点景作用。有些用建筑物围合的庭院空间环境，池沼、山石、树丛、花木等自然景物是赏景的兴趣中心，建筑物反而成了烘托自然景物的屏壁或背景。

园林建筑空间在大小、形状、明暗、虚实等方面的对比手法，经常互相结合，交叉运用，使空间有变化、有层次、有深度，使建筑空间与自然空间有很好的结合与过渡，以达到园林建筑实用与造景两方面的基本要求。

（二）空间的渗透

在园林建筑空间处理时，为了避免单调并获得空间的变化，常常采用空间相互渗透的方法。人们观赏景色，如果空间毫无分隔和层次，则无论空间有多大，都会因为一览无余而感到单调乏味；相反，置身于层次丰富的较小空间中，如果布局得体能获得众多美好的画面，则会使人在目不暇接的视觉感受过程中忘却空间的大小限制。因此，处理好空间的相互渗透，可以突破有限空间的局限性取得大中见小或小中见大的变化效果，从而得以增强艺术的感染力。如中国古代有许多名园，占地面积和总的空间体积并不大，但因能巧妙使用空间渗透的处理手法，形成比实用空间要广大得多的错觉，给人的印象是深刻的。处理空间渗透的方法概括起来有以下两种：

1. 相邻空间的渗透

这种方法主要是利用门、窗、洞口、空廊等作为相邻空间的联系媒介，使空间彼此渗透，增添空间层次。在渗透运用上主要有以下手法：对景，流动框景，利用空廊互相渗透和利用曲折、错落变化增添空间层次。

（1）对景

指在特定的视点，通过门、窗、洞口，从一空间眺望另一空间的特定景色。对景能否起到引人入胜的诱导作用与对景景物的选择和处理有密切关系，所组成的景色画面构图必须完整优美。视点、门、窗、洞口和景物之间为一固定的直线联系，形成的画面基本上是固定的，可以利用窗、洞口的形状和式样来加强画面的装饰性效果。门、窗、洞口的式样繁多，采用何种式样和大小尺寸应服从艺术意境的需要，切忌公式化随便套用。此外，不仅要注意“景框”的造型轮廓，还要注意尺度的大小，推敲它们与景色对象之间的距离和方位，使之在主要视点位置上能获得最理想的画面。

（2）流动景框

指人们在流动中通过连续变化的“景框”观景，从而获得多种变化着的画面，取得扩大空间的艺术效果。李笠翁在《一家言》“居室器玩部”中曾谈到坐在船舱内透过一固定花窗观赏流动着的景色以获取多种画面。在陆地上由于建筑物不能流动，要达到这种观赏目的，只能在人流活动的路线上，通过设置一系列不同形状的门、窗、洞口去摄取“景框”外的各种不同画面。这种处理手法与《一家言》流动观景情况有异曲同工之妙。

（3）利用空廊互相渗透

廊子不仅在功能上起交通联系的作用，也可以作为分隔建筑空间的重要手段。用空廊分隔空间可以使两个相邻空间通过互相渗透，把对方空间的景色吸收进来以丰富画面，增添空间层次和取得交错变化的效果。如广州白云宾馆底层庭院面积不大，但在水池中部增添了一段紧贴水面的桥廊，把它分隔为两个不同组景特色的水庭，通过空廊的互相借景，增添了空间的层次，取得了似分似合、若即若离的艺术情趣。用廊子分隔空间形成渗透效果，要注意推敲视点的位置、透视角度以及廊子的尺度及其造型的处理。

（4）利用曲折、错落变化增添空间层次

在园林建筑空间组合中常常采用高低起伏的曲廊、折墙、曲桥、弯曲的池岸等手法来化大为小分隔空间，增添空间的渗透与层次。同样，在整体空间布局上也常把各种建筑物和园林环境加以曲折错落布置，以求获得丰富的空间层次和变化。特别是一些由各种厅、堂、榭、楼、院单体建筑围合的庭院空间处理上，如果缺少曲折错落则无论空间多大，都势必造成单调乏味的弊病。错落变化时不可为曲折而曲折，为错落而错落，必须以在功能上合理、在视觉景观上能获得优美画面和高雅情趣为前提。为此，设计时需要认真仔细推敲曲折的方位角度和错落的距离、高度尺寸。

在中国古典园林建筑中巧妙利用曲折错落的变化以增添空间层次，取得良好艺术效果的例子有：苏州网师园的主庭院、拙政园中的小沧浪和倒影楼水院；杭州三潭印月；北方皇家园林中的避暑山庄万壑松风、天宇威扬；北京北海公园白塔南山建筑群、静心斋；颐和园佛香阁建筑群、画中游、谐趣园等。

2. 室内外空间的渗透

建筑空间室内室外的划分是由传统的房屋概念形成的。所谓室内空间一般指具有顶、墙、地面围护的室内部空间，在它之外的称作室外空间。通常的建筑，空间的利用重在室内，但园林建筑，室内外空间都很重要。在创造统一和谐的环境角度上，它的含义也不尽相同，甚至没有区分它们的必要。按照一般概念，在以建筑物围合的庭院空间布局中，中心的露天庭院与四周的厅、廊、亭、榭，前者一般被视为室外空间，后者被视为室内空间；但从更大的范围看，也可以把这些厅、廊、亭、榭视作如围合单一空间的门、窗、墙面一样的手段。用它们来围合庭院空间，亦即是形成一个更大规模的半封闭（没有顶）的“室内”空间。而“室外”空间相应是庭院以外的空间了。同理，还可以把由建筑组群围合的整个园内空间视为“室内”空间，而把园外空间视为“室外”空间。

扩大室内外空间的含义，目的在于说明所有的建筑空间都是采用一定手段围合起来的有限空间，室内室外是相对而言的，处理空间渗透的时候，可以把“室外”空间引入“室内”，或者把“室内”空间扩大到“室外”。在处理室内外空间的渗透时，既可以采用门、窗、洞口等“景框”手段，把邻近空间的景色间接地引入室内，也可以采取把室外的景物直接引入室内，或把室内景物延伸到室外的办法来取得变化，使园林与建筑能交相穿插，融合成为有机的整体。例如，北京北海公园濠濮涧的空间处理是一个范例，其建筑本身的平面布局并不奇特，但通过建筑物亭、榭、廊、桥曲折的错落变化，以及对室外空间的精心安排，诸如叠石堆山、引水筑池、绿化栽植等，使建筑和园林互相延伸、渗透，构成有机的整体，从而形成空间变幻莫测、层次丰富、和谐完整、艺术格调很高的一组建筑空间。

第三节　园林小品的含义与分类

人们的生活离不开艺术，艺术体现了一个国家或一个民族的特点，表达了人们的思想情感。而在景观设计中，艺术因素仍然是不可或缺的。正是这些艺术小品和设施，成为让空间环境生动起来的关键因素。由此可见，景观环境只是满足实用功能还远远不够，艺术小品的出现，提高了整个空间环境的艺术品质，改善了城市环境的景观形象，给人们带来美的享受。

一、园林小品的定义

园林小品是园林中供休息、装饰、照明、展示及为园林管理和方便游人之用的小型建筑设施，一般设有内部空间，体量小巧，造型别致。园林小品既能美化环境，丰富园趣，为游人提供休息和公共活动的方便，又能使游人从中获得美的感受和良好的教益。

二、园林小品的功能

（一）造景功能（美化功能）

园林景观小品具有较强的造型艺术性和观赏价值，所以能在环境景观中发挥重要的艺术造景功能。在整体环境中，园林小品虽然体量不大，却往往起着画龙点睛的作用。

（二）使用功能（实用功能）

许多小品具有使用功能，可以直接满足人们的需要。如亭、廊、榭、椅凳等小品，可供人们休息、纳凉和赏景；园灯可以提供夜间照明；儿童游乐设施小品可为儿童游戏、娱乐所使用。

（三）信息传达功能（标志区域特点）

一些园林小品还具有文化宣传教育的作用，如宣传廊、宣传牌可以向人们介绍各种文化知识以及进行法律法规教育等。道路标志牌可以给人提供有关城市及交通方位上的信息。优秀的小品具有特定区域的特征，是该地人文历史、民风民情以及发展轨迹的反映。通过景观中的设施与小品可以提高区域的识别性。

（四）安全防护功能

一些园林小品具有安全防护功能，保证人们游览、休息或活动时的人身安全和管理秩序，并强调划分不同空间功能，如各种安全护栏、围墙、挡土墙等。

（五）提高整体环境品质功能

通过园林小品来表现景观主题，可以引起人们对环境和生态以及各种社会问题的关注，产生一定的社会文化意义，改良景观的生态环境，提高环境艺术品位和思想境界，提升整体环境品质。

三、景观小品的设计原则

（一）个体设计方面

景观小品作为三维的主题艺术塑造，它的个体设计十分重要。它是一个独立的物质实体，具有一定功能的艺术实体。在设计中运用时，一定要牢记它的功能性、技术性和艺术性，掌握这三点才能设计塑造出最佳的景观小品。

1. 功能性

有些景观小品除了装饰性外，还具有一定的使用功能。景观小品是物质生活更加丰富后产生的新事物，必须适应城市发展的需要设计出符合功能需要的景观小品，才是设计者的职责所在。

2. 技术性

设计是关键，技术是保障，只有良好的技术，才能把设计师的意图完整地表达出来。

技术性必须做到合理地选用景观小品的建造材料，注意景观小品的尺寸和大小，为景观小品的施工提供有利依据。

3. 艺术性

艺术性是景观小品设计中较高层次的追求，有着一定的艺术内涵，应反映时代精神面貌，体现特定的历史时期的文化积淀。景观小品是立体的空间艺术塑造，要科学地应用现代材料、色彩等诸多因素，设计一个具有艺术特色和艺术个性的景观小品。

（二）和谐设计方面

景观环境中各元素应该相互照应、相互协调。每一种元素都应与环境相融。景观小品是环境综合设计的补充和点睛之笔，和谐设计十分必要。在设计中要注意以下几点要求：

1. 具有地方性色彩

地方性色彩是指要符合当地的气候条件、地形地貌、民俗风情等因素的表达方式，而景观小品正是体现这些因素的表达方式之一。因此，合理地运用景观小品是景观设计中体现城市文化内涵的重点。

2. 考虑社会性需要

在现代社会中，优美的城市环境和优秀的景观小品具有很重要的社会效益。在设计时，要充分考虑社会的需要、城市的特点以及市民的需求，才会使景观小品实现其社会价值。

3. 注重生态环境的保护

景观小品一般多与水体、植物、山石等景观元素共同来造景，在体现景观小品自身功能外，不能破坏其周围的其他环境，使自然生态环境与社会生态环境得到最大的和谐改善。

4. 具有良好的景观性效果

景观小品的景观性包括两个方面：一个是景观小品的造型、色彩等形成的个性装饰性；另一个是景观小品与环境中其他元素共同形成的景观功能性。各种景观因素相互协调，搭配得体，互相衬托，才能使景观小品在景观环境中成为良好的设计因素。

（三）以人为本设计方面

园林小品作为环境景观中重要的一个因素，以人为本，充分考虑使用者、观赏者及各个层面的需要，时刻想着大众，处处为大众所服务。

1. 满足人们的行为需求

人是环境的主体，园林小品的服务对象是人，所以人的行为、习惯、性格、爱好等各种状态是园林小品设计的重要参考依据。尤其是公共设施的艺术设计，要以人为本，满足各种人的需求，尤其是残障人士的需求，体现人文关怀。园林小品设计时还要考虑人的尺度，如座椅的高度、花坛的高度等。只有对这些因素有充分的了解，才能设计出真正符合人类需要的园林小品。

2. 满足人们的心理需求

园林小品的设计要考虑人类心理需求的空间，如私密性、舒适性等，比如座椅的布置方式会对人的行为产生什么样的影响、供几个人坐较为合适等。这些问题涉及对人们心理的考虑和适应。

3. 满足人们的审美要求

园林小品的设计首先应具有较高的视觉美感，必须符合美学原理和人们的审美需求。对其整体形态和局部形态、比例和造型、材料和色彩的美感进行合理的设计，从而形成内容健康、形式完美的园林景观小品。

4. 满足人们的文化认同感

一个成功的园林小品不仅具有艺术性，而且还应有深厚的文化内涵。通过园林小品可以反映它所处的时代精神面貌，体现特定的城市、特定历史时期的文化传统积淀。所以，园林小品的设计要尽量满足文化的认同，使园林景观小品真正成为反映历史文化的媒体。园林小品设计与周围的环境和人的关系是多方面的。通俗一点儿说，如果把环境和人比喻为汤，那园林小品就是汤中之盐。所以，园林小品的设计是功能、技术与艺术相结合的产物，要符合适用、坚固、经济、美观的要求。

四、园林小品的创作要求

园林小品的创作要满足以下几点要求：立其意趣，根据自然景观和人文风情，构思景点中的小品；合其体宜，选择合理的位置和布局，做到巧而得体，精而合宜；取其特色，充分反映建筑小品的特色，把它巧妙地融在园林造型之中；顺其自然，不破坏原有风貌，做到得景随形；求其因借，通过对自然景物形象的取舍，使造型简练的小品获得景象丰满充实的效应；饰其空间，充分利用建筑小品的灵活性、多样性以丰富园林空间；巧其点缀，把需要突出表现的景物强化出来，把影响景物的角落巧妙地转化成为游赏的对象；寻其对比，把两种明显差异的素材巧妙地结合起来，相互烘托，凸显双方的特点。

五、园林小品的分类

（一）单一装饰类园林小品

装饰类园林小品作为一种艺术现象，是人类社会文明的产物，它的装饰性不仅表现在形式语言上，更表现了社会的艺术内涵，也就是人们对于装饰性园林艺术概念的理解和表现。

1. 设计要点

（1）特征

作为空间外环境装饰的一部分，装饰类园林小品具有精美、灵活和多样化的特点，凭借自身的艺术造型，结合人们的审美意识，激发起一种美的情趣。装饰类园林小品设计着重考虑其艺术造型和空间组合上的美感要求，使其新颖独特，千姿百态，具有很强的吸引力和装饰性能。

（2）设计要素

①立意

装饰类园林小品艺术化是外在的表现，立意则是内在的，使其有较高的艺术境界，寓情于景，情景交融。意境的塑造离不开小品设计的色彩、质地、造型等基本要素，通过这些要素的结合才能表达出一定的意境，营造环境氛围。同时还可以利用人的感官特征来表达某种意境，如通过小品中水流冲击材质的特殊声音来营造一定的自然情趣，或通过植物的自然芳香、季节转变带来的色彩变化营造生命的感悟等。这些在利用人的听觉、嗅觉、触觉、视觉的感悟中，营造的气氛更给人以深刻的印象，日本的小品就是利用这些要素来给环境塑造禅宗思想的。

②形象设计

a. 色彩

色彩具有鲜明的个性，有冷暖、浓淡之分，对颜色的联想及其象征作用可给人不同的感受。暖色调热烈，让人兴奋，冷色调优雅、明快；明朗的色调使人轻松愉快，灰暗的色调更为沉稳宁静。园林小品色彩处理得当，会使园林空间有很强的艺术表现力。如在休息、私密的区域需要稳重、自然、随和的色彩，与环境相协调，容易给人自然、宁静、亲切的感受；以娱乐、休闲、商业为主的场地则可以选用色彩鲜明、醒目、欢快，容易让人感到兴奋的颜色。

b.质地

现代小品的质地随着技术的提高，选择的范围越来越广，形式也越来越多样化，可将小品的质地类型分为以下几类：

人工材料。包括塑料、不锈钢、混凝土、陶瓷、铸铁等。这些人工材料可塑性强，便于加工，制造效率高，并且色彩丰富，基本可以适应各种设计环境的要求。

天然材料。例如，木材的触感、质感好，热传导差，基本不受温度变化的影响，易于加工，但保存性、耐抗性差，容易损坏。而石材质地坚硬、触感冰凉，夏热冬凉，不宜加工，但耐久性强。天然材料淳朴、自然，可以塑造如地方特色、风土人情风格化的小品。

人工材料与天然材料结合。将人工材料和天然材料结合使用，特别是在植物造景上，别具一格。木材与混凝土、木材与铸铁等组合材料，这些材料多可以表达特殊的寓意，用材料的对比加强个性化、艺术思想的表达。另外，在使用上可以互补两种材料的缺陷，综合两种材料的优点。

c.造型

装饰类园体小品的造型更强调艺术装饰性，这类小品的造型设计很难用一定标准来规范，但仍然有一定的设计线索可以追寻，一般的艺术造型有具象和抽象两种基本形式，无论是平面化表达还是立面效果都是如此。无论是雕塑、构筑物还是植物都可以通过点、线、面和体的统一造型设计创造其独特的艺术装饰效果，同时造型的设计不能脱离意境的传达，要与周围环境统一考虑，塑造合理的外部艺术场景。

③与环境的关系

装饰小品要与周围环境相融合，可以体现地区特征，在场景中更具自身特点。在相应的地方安排布置小品，布局也要与场景关系相呼应，如在城市节点、边界、标志、功能区域内、道路等场地合理安排。例如，我国传统园林中的亭子，因地制宜，巧妙地配置山石、水景、植物等，使其构成各具特色的空间。需要考虑的环境因素有以下几点：

a.气候、地理因素

根据气候、地理位置不同所选择设计的小品也有差异，如材料的选取，遵循就地取材和耐用的原则，部分城市出现远距离输送材料的现象，既不经济，材料又容易遭到不适宜的气候的破坏，这种做法不宜提倡。地区气候特征不同，色彩使用也有明显差异，如阴雨连绵的地区，多采用色彩鲜明、易于分辨、醒目的颜色，而干旱少雨的地区则使用接近自然、清爽的颜色，运用不易吸收太阳热能的材料，防止使人有眩晕、闷热的感觉。

b.文化背景

以历史文脉为背景，提取素材可以营造浓郁的文化场景。小品的设计依据历史、传说、地方风俗等的形式为组成元素，塑造具有浓郁文化背景的小品。

2.类别

（1）园林建筑小品

这类建筑小品大多形式多样，奇妙而独特，具有很强的艺术性和观赏性，同时也具备一定的使用功能，在园林中可谓是“风景的观赏，观赏的风景”，对园林景观的创造起着重要的作用。比如点缀风景、作为观赏景观、围合划分空间、组织游览路线等。包括入口、景门及景墙、花架、大体量构筑物等。

（2）园林植物小品

植物小品要突出植物的自身特点，起到美化与装点环境的作用，它与一般的城市绿化植物不同。园林植物小品具有特定的设计内涵，经过一定的修剪、布置后赋予场景一定的功能。植物是构园要素中唯一具有生命的，一年四季均能呈现出各种亮丽的色彩，表现出各种不同的形态，展现出无穷的艺术美。

设计可用植物的色、香、形态作为造景主题，创造出生机盎然的画面，也可利用植物的不同特性和配置塑造具有不同情感的植物空间，比如，热烈欢快、淡雅宁静、简洁明快、轻松悠闲、疏朗开敞的意境空间。因此，设计时应从不同园林植物特有的观赏性去考虑园林植物配置，以便创造优美的风景。

园林植物小品的设计要注意以下两方面：一方面是各种植物相互之间的配置，考虑植物种类的选择，树丛的组合，平面和立面的构图、色彩、季相以及园林意境；另一方面是园林植物与其他园林要素如山石、水体、建筑、园路等相互之间的配置。

①植物单体人工造型

通过人工剪切、编扎、修剪等手法，塑造手工制作痕迹明显、具有艺术性的植物单体小品。这类小品具有较强的观赏性。

②植物与其他装饰元素相结合的造型

如与雕塑结合；与亭廊、花架结合；与建筑（墙体、窗户、门）结合。

③植物具有功能性造型

如具有围墙、大门、窗、亭、儿童游戏、阶梯、围合或界定空间等功能性形式。

（3）园林雕塑小品

雕塑小品是环境装饰艺术的重要构成要素之一，是历史文化的瑰宝，也是现代城市文明的重要标志。不论是城市广场、街头游园，还是公共建筑内外，都设置有形象生动、寓意深刻的雕塑。

装饰性景观雕塑是现在使用最为广泛的雕塑类型，它们在环境中虽不一定要表达鲜明的思想，但具有极强的装饰性和观赏性。雕塑作为环境景观主要的组成要素，非常强调环境视觉美感。

雕塑小品是环境中最常用也是运用最多的小品形式。随着环境景观类型的丰富，雕塑的类型也越来越多，无论是形态、功能、材料、色彩都更灵活、多样。主要可以分为以下几种类型：

①主题性、纪念性雕塑

通过雕塑在特定环境中提示某个或某些主题。主题性景观雕塑与环境的有机结合，可以弥补一般环境无法或不易具体表达某些思想的特点；或以雕塑的形式来纪念人与事，它在景观中处于中心或主导地位，起着控制和统率全局的作用。形式可大可小，并无限制。

②传统风格雕塑

历来习惯使用的雕塑风格，沿袭传统固定的雕塑模式，有一定传统思想的渗入，特别是传统封建风俗中的人物或神兽等，多使用在建筑楼前。有的雕塑成为不可缺少的场地标志，如银行、商场前的石雕。

③体现时代特征的雕塑

雕塑融合现代艺术元素，体现前卫、现代化气息，多色彩艳丽、造型独特、不拘一格或生动幽默、寓意丰富。

④具风土民情的雕塑

传统、民族、地方特色的小品，以现代艺术形式为表达途径映射民族风情、地方文化。

（二）综合类园林小品

综合类园林小品是由多种设计元素组合而成的，在景观上形成相互呼应、统一的“亲缘关系”，在造型上内容丰富、功能多样，所处场景协调而具有内聚力。

1. 设计要点

（1）特征

综合类园林小品是利用小品的各种性能特征，综合起来形成复合性能更为突出、装饰效果更强大的一个小品类型。可以根据环境需要，将本是传统中的几种小品表达的装饰效果融合于一体，使场景空间更具内聚力，同时增强了小品的自身价值。综合类小品是现代景观发展中新兴的一类“小品家族”，这类小品甚至还结合了公共设施的使用需求，具有装饰和使用的多重性能。小品设计综合了艺术、科技、人性化等多种设计手法，体现着人类的智慧结晶。

（2）设计要素

①立意

小品设计的形式出现在人文生活环境之中，具有艺术审美价值，也是意识形态的表现，并在一定程度上成为再现和进一步提升人类艺术观念、意识和情感的重要手段；同时它与环境的结合更为密切，要求根据环境的特征和场景需要来设计小品的形态，体现小品各种恰到好处的复合性能。因此，该类小品的立意要与场景、主题一致。

②形象设计

造型上风格要求统一，在结构形式、色彩、材料以及工艺手段等方面与环境融合得当，具备一定的功能，体现场所的思想，有空间围合感，又与周围其他环境有区别。综合类小品在形象设计风格上会受到不同程度的制约，必须在形式语言的多样化和合理性角度分析其存在的艺术价值，不同的形象设计可以塑造不同的场景特征。

③与环境的关系

综合类小品的具体表现形式受不同区域的建筑主体环境以及景观环境的影响及制约，比如在某一特定的建筑主体环境、街道、社区和广场中，综合类小品必须在与这些特定功能环境相适应的基础上，巧妙处理各种制约因素，发挥其综合性能，使之与环境功能互为补充，提升其存在的价值。综合类小品的布置应根据场地的性质变化，如场地的面积、空间大小、类型决定相应的组合关系，主要包括聚合、分散、对位等布置形式。

2. 类别

综合类园林小品的设计最能体现设计者的智慧，同时可以弥补场景功能、性质的局限性。例如，在生硬的环境隔离墙上绘制与环境功能及风格协调的图案，不仅保持了其划分空间功能的特点，更使其成为一件亮丽的景观小品。

（1）装饰与功能的重合

小品本身的性质已经模糊，特别是在人的参与下，装饰与功能重合，它既具备服务于场地的功能性，同时又是不可忽视的展现场地独特个性、装点环境的艺术品。

（2）多种装饰类复合小品

多种装饰类复合小品是针对装饰性能的多重性而言的，包括采用多种装饰材料、装饰手法等组合，各种装饰性能融合于一体，独立形成的小品类型。

例如，构筑物中的廊架与水体、植物复合；山石与植物的复合；植物与雕塑的复合等。这些元素共同组合成多种装饰类复合小品，以强化场景的装饰性能，使其更生动、更形象地表达场景的特征。

小品在以装饰为主要功能的前提下，同时具有多功能性，具体表现在性能的复合上，在同一空间中小品造型丰富程度的提高使得场所具有多种功能特征。这类小品的出现往往与城市公共设施相结合，除了具有装饰效果外，同样具备了公共设施的功能特征，是现在小品发展的一个趋势。

（三）创新类园林小品

创新类园林小品是在现今已经成熟小品类型的基础上延伸出的时代产物，是伴随科学技术、社会精神文明的进步、人性化的发展而在城市环境景观中形成的一批具有独特魅力、全新功能和具有浓郁时代气息的小品。这类小品会随时代的演变、社会的接纳程度而退化或转化为成熟的小品类型，它自身具有追赶时代潮流的不稳定性。

1. 设计要点

（1）特征

创新小品是体现时代思想、潮流的一类新型小品，多通过小品传达新时代的科技、艺术、环保、生态等信息。创新类园林小品的个性化是建立在充分尊重建筑以及景观环境的整体特征基础之上的。

（2）设计要点

受限制因素少，更多的是利用新科技、新思想、新动向来服务于大众，或是以吸引大众的注意力为目的，甚至是为了表达某种思想而划定特定的区域来设计并集中安排此类小品。

①立意

设计立意要从大局观念入手，从整体景观理念塑造的高度去把握自身的独特性。此类小品多体现新潮思想，涵盖一定现代艺术、科技的成分。

由于此类小品融合了新思想、新技术，设计要求功能更为人性化，全面体现各方面可能存在的使用需求，突破传统观念的局限性，打造了更为合理的小品形式。

②形象设计

这类小品常常具有强烈的色彩、夸张的造型特征。现代材料的应用，丰富的艺术内涵，独特的形象塑造，使得这类小品除了具有个性之外，还要求自身具有公共性。

③与环境的关系

创新类园林小品的特殊性与艺术性无疑是与建筑以及景观环境的功能和风格等因素分不开的。设计要求特定的小品形式对特定环境区域的整体设计能产生积极的推动作用。

2. 类别

（1）生态型

生态型小品的设计遵循改良环境、节约能源、就地取材、尊重自然地形、充分利用气候优势等原则。采取各种途径，尽可能地增加绿色空间。

目前，生态型小品的设计，在国外有很好的发展趋势，特别是德国，通过利用废弃的材料更新加工利用，甚至直接利用废弃物来设计小品。例如，在废弃工厂兴建的公园，就直接将废弃铁轨、碎砖石等组合加工成造型独特新颖的小品出现在公园中，这不但不影响景观，还赋予公园自身的个性，同时保留了该场地的部分记忆，小品也成为生态设计的一种设计元素出现在公园中。

（2）新艺术形态

小品作为一些艺术家的艺术思想、艺术形态在外空间的表达，无形中形成了环境景观的构成要素，成为环境中鲜艳的奇葩，在园林景观中成了珍贵的不可多得的部分，起到了不可忽视的作用。即使在面对一个相对简单的材料中，也同样可以利用艺术的手法变化使其内容形式丰富起来。新艺术形态小品的出现，是一种思想的塑造、一种境界的营造或一种艺术概念的表达，小品具有时间和空间的特性。

（3）科技、科普型

充分体现智能化、人性化的思想，将新技术、新工艺融合到了小品设计中，达到最人性化的设计原则。将科技手法运用到小品中，除了体现科技的进步外，更多的是提高小品的人性化，如方便残疾人使用的电子导向器；在广场中的小品设施里设置能量转换器，将太阳能转换成热能，为冬天露天使用场地的人们提供取暖设施。

第四节　园林建筑小品设计

园林建筑小品是指园林中体量小巧、功能简单、造型别致、富有情趣、选址恰当的精美构筑物。园林建筑小品，一般都具有简单的实用功能，又具有装饰性的造型艺术特点。由于其体量较小，一般不具有可供游人入内的内部空间。它既有园林建筑技术的要求，又含有造型艺术和空间组合上的美感要求。因此，在园林中既作为实用设施，又作为点缀风景的艺术装饰小品。

一、园林建筑小品的作用

在园林造景中建筑小品作为园林空间的点缀，虽小，倘能匠心独运，则有点睛之妙；作为园林建筑的配件，虽从属而能巧为烘托，可谓小而不残，从而不卑，与园林整体相得益彰。所以，园林建筑小品的设计及处理，只要剪裁得体，配置得宜，必将构成一幅幅优美动人的园林景致，充分发挥为园景增添景致的作用。园林建筑小品在园林中的作用大致包括以下几方面：

（一）组景

园林建筑在园林空间中，除具有自身的使用功能要求外，一方面作为被观赏的对象，另一方面又作为人们观赏景色的场所。因此，设计中常常使用建筑小品把外界的景色组织起来，使园林意境更为生动，画面更富诗情画意。例如，苏州留园揖峰轩六角景窗，翠竹枝叶看似很普通，但由于用工巧妙，成为一幅意趣盎然的景色，远观近赏，发人幽思。在古典园林中，为了创造空间层次和富于变幻的效果，常常借助建筑小品的设置与铺排，一堵围墙或一挂门洞都要予以精心的塑造。苏州拙政园的云墙和“晚翠”月门，无论在位置、尺度和形式上均能恰到好处，自枇杷园透过月门望见池北的雪香云蔚亭掩映于树林之中，云墙和月门加上景石、兰草和卵石铺地所形成的素雅近景，两者交相辉映，令人神往。

（二）观赏

园林建筑小品，尤其是那些独立性较强的建筑要素，如果处理得好，其自身往往就是造园的一景。杭州西湖的“三潭印月”就是一种以传统的水庭石灯的小品形式“漂浮”于水面，使月夜景色更为迷人。成都锦水苑茶室景窗，以热带鱼的优美形象为装饰主题，用铜板、扁钢、圆钢的恰当组合，取得了轻盈活泼的效果，给人以一种美的享受。由此可见，运用小品的装饰性能够提高园林建筑的鉴赏价值，满足人们的观赏要求。

（三）渲染气氛

园林建筑小品除具有组景、观景作用外，常常把那些功能作用较明显的桌椅、地坪、踏步、桥岸以及灯具和牌匾等予以艺术化、景致化，以便渲染周围的气氛，增强空间的感染力。首先，一组休息坐凳，虽可采用成品，但为了取得某些艺术趣味，不妨做成富有一定艺术情趣的形式，如果处理得当，会给人留下深刻的印象。如桂林芦笛岩水榭小鸭座椅，与环境巧妙结合，使人很自然地想到野鸭嬉水的情景，起到了渲染气氛的作用。其次，庭园中的花木栽培为使其更加艺术化，有的可以在墙上嵌置花斗，有的可以构筑大型花盆并处理成盆景的造型，有的也可以选择成品花盆把它放在花盆的台架上，再施以形式上的加工。比如，可以在水泥塑制的树木枝干中，错落搁置花盆，使平常的陶土花盆变成了艺术小品，十分生动有趣。园林建筑中桌凳可以用天然树桩做素材，以水泥塑制的仿树桩桌凳亦较用钢筋混凝土造的一般形式增添不少园林气氛。同样，仿木桩的桩岸、蹬道、桥板都会取得上述既自然又美观的造园效果。

二、园林建筑小品的设计原则

（一）巧于立意

园林建筑小品对人们的感染力，不仅在于形式的美，而更重要的在于有深刻的含意，要表达出一定的意境和情趣，才能成为耐人寻味的佳品。园林建筑小品作为局部主体景物具有相对独立的意境，更应具有一定的思想内涵，才能具有感染力。因此，设计时应巧于构思。中国传统园林中常在庭院的白粉墙前置玲珑山石、几竿修竹，粉墙花影恰似一幅中国花鸟画的再现，很有感染力。

（二）独具特色

园林建筑小品，具有浓厚的工艺美术特点，应突出地方特色，园林环境特色及单体的工艺特色，使之具有独特的格调，切忌生搬硬套和雷同。如玉兰灯具，最初在北京人民大会堂运用，具有堂皇华丽、典雅大方之风，适得其所。但20世纪六七十年代期间，不论在北方还是南方，举目所至，皆是玉兰灯，不分场合，到处滥用，失去应有特色。与此相反，在广州某园草地一侧，花竹之畔，设一水罐形的灯具，造型简洁，色彩鲜明，灯具紧靠地面，与花卉绿草融成一体，独具环境特色，耐人寻味。

（三）将人工融于自然

我国园林追求自然，但不乏人工，而且精于人工。“虽由人作，宛自天开”就是最精辟的理论。园林建筑小品同样须遵循这一原理。作为装饰小品，人工雕琢之处是难以避免的，因制作过程常是人工的工艺过程。而将人工与自然融为一体，则是设计者匠心之处。如常见在自然风景中、在古木巨树之下，设以自然山石修筑成的山石桌椅，体现出自然之趣。近年来，在广州园林中，常见在老榕树之下，塑以树根造型的圆凳，似在一片树木之下，自然形成的断根树桩，远看可以达到以假乱真的程度，极其自然。

（四）精于体宜

精于体宜是园林空间与景物之间最基本的体量构图原则。园林建筑小品作为园林的陪衬，一般在体量上力求精巧，不可喧宾夺主，不可失去分寸。在不同大小的园林空间之中，应有相应的体量要求与尺度要求，如园林灯具，在大的集散广场中，设巨型灯具，有明灯高照之效果；而在小庭院、小林荫曲径之旁，只宜小型园灯，不但体量要小，而且造型更应精致，诸如喷泉的大小、花台的体量等，均应根据其所处的空间大小，确定其相应的体量。

（五）符合使用功能及技术要求

园林建筑小品绝大多数均有实用意义，因此，除艺术造型美观上的要求外，还应符合实用功能及技术的要求。如园林中的栏杆具有各种不同的使用目的，因此，对各种栏杆的高度，就有不同的要求；又如园林坐凳，就要符合游人就座休息的尺度要求；再如，作为园林界限，园墙就应从围护角度来确定其高度及其他技术上的要求。

当然，园林建筑小品设计，要考虑的问题是多方面的，而且具有更大的灵活性。因此，不能局限于上述几条原则，而应举一反三，融会贯通才是。

第六章　园林园路场地景观设计

在现代园林景观设计中，园林的总体布局实际上取决于花园道路。根据自然的起伏巧妙地布置了花园路，整个园林分为功能各异的风景名胜区。同时，园路和场地系统分层有节奏，看似分散的风景名胜区和园林中的风景名胜区连接成一个布局严谨、风景秀丽、节奏感十足的园林空间。

第一节　园林园路景观设计

一、园路设计理论

（一）园路的等级

依照重要性和级别，园路可分为以下三类：

1. 小路

即游览小道或散步小道，其宽度一般仅供 1 人漫步或可供 2 ～ 3 人并肩散步。小路的布置很灵活，平地、坡地、山地、水边、草坪上、花坛群中、屋顶花园等处，都可以铺筑小路。

2. 主园路

在风景区中又叫主干道，是贯穿风景区内所有游览区或串联公园内所有景区的，起骨干主导作用的园路，多呈环形布置。主园路常作为导游线，对游人的游园活动进行有序的组织和引导；同时，它也要满足少量园务运输车辆通行的要求。

3. 次园路

又称支路、游览道或游览大道，是宽度仅次于主园路的，联系各重要景点或风景地带的重要园路。次园路有一定的导游性，主要供游人游览观景用，一般不设计为能够通行汽车的道路。

（二）园路系统的布局形式

园林中园路的布局，一般在园林总体规划（方案设计）时已解决。园路工程设计主要是根据规划所定线路、地点的实际地形条件，再加以勘察和复核，确定具体的工程技术措施，然后做出工程的技术设计。

园路系统主要由不同级别的园路和各种用途的园林场地构成。园路系统布局一般有三种：条带式、树枝式和套环式。

1. 条带式园路系统

在地形狭长的园林绿地上，采用条带式园路系统比较合适。这种布局形式的特征是：主园路呈条带状，始端和尽端各在一方，并不闭合成环。在主路的一侧或两侧，可以穿插次园路和游览小道。次路和小路相互之间条带式园路布局不能保证游人在游园中不走回头路。所以，只有在林荫道、河滨公园等带状公共绿地中，才采用条带式园路系统。

2. 树枝式园路系统

以山谷、河谷地形为主的风景区和市郊公园，主园路一般只能布置在谷底，沿着河沟从下往上延伸。两侧山坡上的多处景点，都是从主路上分出一些支路，甚至再分出一些小路加以连接。支路和小路多数只能是尽端式道路，游人到了景点游览之后，要原路返回到主路再向上行。这种道路系统的平面形状，就像是有许多分枝的树枝一样，游人走回头路的次数很多。因此，从游览的角度看，它是游览性最差的一种园路布局形式，只有在受地形限制不得已时才采用这种布局。

3. 套环式园路系统

这种园路系统的特征是：由主园路构成一个闭合的大型环路或一个“8”字形的双环路，再由很多的次园路和游览小道从主园路上分出，并且相互穿插连接与闭合，构成较小的环路。主园路、次园路和小路是环环相套，互通互连的关系，其中，少有尽端式道路。因此，这样的道路系统可以满足游人在游览中不走回头路的愿望。套环式园路是最能适应公共园林环境，并且在实践中也是应用最为广泛的园路系统。

但是在地形狭长的园林绿地中，由于受到地形的限制，套环式园路也有不易构成完整系统的遗憾之处，因此，在狭长地带一般都不采用这种园路布局形式。

（三）园路的宽度确定

在以人行为主的园路上根据并排行走的人数和单人行走所需宽度确定园路宽度，在兼顾园务运输的园路上则根据所需设置的车道数和单车道的宽度确定园路宽度。

公园中，单人散步的宽度为 0.6 m，两人并排散步的道路宽度为 1.2 m，三人并排行走的道路宽度则可为 1.8 m 或 2.0 m。个别狭窄地带或屋顶花园上，单人散步的小路最窄可取 0.9 m。如果以车道宽度及条数来确定主园路的宽度，则要考虑设置车道的车辆类型，以及该类车辆车身宽度情况。在机动车中，小汽车车身宽度按 2.0 m 计，中型车（包括洒水车、垃圾车、喷药车）按 2.5 m 计，大型客车按 2.6 m 计。加上行驶中横向安全距离的宽度，单车道的实际宽度可取的数值是：小汽车 3.0 m，中型车 3.5 m，大客车 3.5 m 或 3.75 m（不限制行驶速度时）。在非机动车中，自行车车身宽度按 0.5 m，伤残人士轮椅按 0.7 m，三轮车按 1.1 m 计算。加上横向安全距离，非机动车的单车道宽度应为：自行车 1.5 m，三轮车 2.0 m，轮椅 1.0 m。

（四）园路的结构

园路的结构一般由路面、路基和附属工程三部分组成。

1. 路面的结构

从横断面上看，园路路面是多层结构，其结构层次随道路级别、功能的不同而有区别。一般路面从上至下结构层次的分布顺序是面层、结合层、基层和垫层。

（1）垫层

在路基排水不畅、易受潮受冻情况下，需要在路基之上设一个垫层，以便排水，防止冻胀，稳定路面。在选用粒径较大的材料做路面基层时，也应在基层与路基之间设垫层。做垫层的材料要求水稳定性良好。一般可采用煤渣土、石灰土、砂砾等，铺设厚度 8 ～ 15 cm。当选用的材料兼具垫层和基层作用时，也可合二为一，不再单独设垫层。

路面结构层的组合，应根据园路的实际功能和园路级别灵活确定。一些简易的园路，路面可以不分垫层、基层和面层，而只做一层，这种路面结构可称为单层式结构。如果路面由两个以上的结构层组成，则可叫多层式结构。各结构层之间，应当结合良好，整体性强，具有最稳定的组合状态。结构层材料的强度一般应从上而下逐层减小，但各层的厚度却应从上而下逐层增厚。不论单层还是多层式路面结构，其各层的厚度最好都大于其最小的稳定厚度。

（2）基层

基层位于路基和垫层之上，承受由面层传来的荷载，并将荷载分布至其下各结构层。基层是保证路面的力学强度和结构稳定性的主要层次，要选用水稳定性好，且有较大强度的材料，如碎石、砾石、工业废渣、石灰土等。园路的基层铺设厚度可在 6 ～ 15 cm。

（3）结合层

在采用块料铺砌做面层时，要结合路面找平，而在基层和面层之间设置一个结合层，以使面层和基层紧密结合起来。结合层材料一般选用 3 ～ 5 cm 厚的粗砂、1 ∶ 3 石灰砂浆或 M2.5 混合砂浆。

（4）面层

位于路面结构最上层，包括其附属的磨耗层和保护层。面层要采用质地坚硬、耐磨性好、平整防滑、热稳定性好的材料来做，有用水泥混凝土或沥青混凝土整体现浇的，有用整形石块、预制砌块铺砌的，也有用粒状材料镶嵌拼花的，还有用砖石砌块材料与草皮相互嵌合的。总之，面层的材料及其铺装厚度要根据园路铺装设计来确定。有的园路在面层表面还要做一个磨耗层、保护层或装饰层。磨耗层厚度一般为 1 ～ 3 cm，所用材料有一定级配，如用 1 ∶ 2.5 水泥砂浆（选粗砂）抹面，用沥青铺面等。保护层厚度一般小于 1 cm，可用粗砂或选与磨耗层一样的材料。装饰层的厚度可为 1 ～ 2 cm，可选用的材料种类很多，如磨光花岗石、大理石、釉面墙地砖、水磨石、豆石嵌花等，也是要按照具体设计而定。

2. 路基

路基是路面的基础，为园路提供一个平整的基面，承受地面上传下来的荷载，是保证路面具有足够强度和稳定性的重要条件之一。一般黏土或砂性土开挖后夯实就可直接作为路基；对未压实的下层填土，经过雨季被水浸润后能自身沉陷稳定，其容重为 180 g/cm^3，可用于路基；过湿冻胀土或湿软橡皮土可采用 1 ∶ 9 或 2 ∶ 8 灰土加固路基，其厚度一般为 15 cm。

根据周围地形变化和挖填方情况，园路有以下三种路基形式：

（1）填土路基

是在比较低洼的场地上，填筑土方或石方做成的路基。这种路基一般都高于两旁场地的地坪，因此也常常被称为路堤。园林中的湖堤道路、洼地车道等，有采用路堤式路基的。

（2）挖土路基

即沿着路线挖方后，其基面标高低于两侧地坪，如同沟堑一样的路基，因而这种路基又被叫作路堑。当道路纵坡过大时，采用路堑式路基可以减小纵坡。在这种路基上，人、车所产生的噪声对环境影响较小，其消声减噪的作用十分明显。

（3）半挖半填土路基

在山坡地形条件下，多见采用挖高处填低处的方式筑成半挖半填土路基。这种路基上，道路两侧是一侧屏蔽另一侧开敞，施工上也容易做到土石方工程量的平衡。

根据园路的功能和使用要求，路基应有足够的强度和稳定性。要结合当地的地质水文条件和筑路材料情况，整平、筑实路基的土石，并设置必要的护坡、挡土墙，以保证路基的稳定。还要根据路基具体高度情况，设置排水边沟、盲沟等排水设施。路基的标高应高于按洪水频率确定的设计水位 0.5 m 以上。

3. 附属工程

（1）明沟

是为收集路面雨水而建的线性构筑物，通常低于地面，可分为有盖明沟和无盖明沟，在园林中常用砖块砌成。

（2）雨水井

是为收集路面雨水而建的点状构筑物，通常埋于地面下，与雨水管相连，通过雨水井收集雨水后，再经过排水管排出。在园林中常用砖块砌成基础与井身，铸铁制作成雨水井盖。

（3）道牙

道牙一般分为立道牙和平道牙两种形式。它们安置在路面两侧，使路面与路肩在高程上起衔接作用，并能保护路面，便于排水。道牙一般用砖或混凝土制成，在园林中也可以用瓦、大卵石等。

（五）园路路面的铺装类型

路面铺装形式根据材料和装饰特点可分为整体现浇铺装、片材贴面铺装、板材砌块铺装、砌块嵌草铺装、砖石镶嵌铺装和木铺地六种类型。

1. 板材砌块铺装

该类型铺装材料通常指厚度在 50 ～ 100 mm 的装饰性铺地材料。

（1）板材铺地

包括打凿整形的天然石板和预制的混凝土板。

①天然石板

一般被加工成 497 mm×497 mm×50 mm、697 mm×497 mm×60 mm、997 mm×697 mm×70 mm 等规格，其下铺 30 ～ 50 mm 的砂土做找平的垫层，可不做基层。或者以砂土层作为间层，在其下设置 80 ～ 100 mm 厚的碎（砾）石层做基层也行。石板下不用砂土垫层，而用 1 ∶ 3 水泥砂浆做结合层，可以保证面层更坚固和稳定。

②预制混凝土板

其规格尺寸按照具体设计而定，常见有 497 mm×497 mm、697 mm×697 mm 等规格，铺砌方法同石板一样。不加钢筋的混凝土板，其厚度不要小于 80 mm。加钢筋的混凝土板，最小厚度可仅 60 mm，所加钢筋一般用直径 6 ～ 8 mm、间距 200 ～ 250 mm 的双向布筋。预制混凝土铺砌的顶面，常加工成光面、彩色水磨石面或露骨料面。

（2）砖铺地

①黏土砖

用于铺地的黏土砖规格很多，有方砖，也有长方砖。方砖及其设计参考尺寸如：尺二方砖，400 mm×400 mm×60 mm；尺四方砖，470 mm×470 mm×60 mm；足尺七方砖，570 mm×570 mm×60 mm；二尺方砖，640 mm×640 mm×96 mm；二尺四方砖，768 mm×768 mm×144 mm。长方砖如：大城砖，480 mm×240 mm×130mm；二城砖，440 mm×220 mm×110 mm；地趴砖，420 mm×210 mm×85 mm；机制标准青砖，240 mm×115 mm×53 mm。砖墁地时，用 30 ～ 50 mm 厚细砂土或 3 ∶ 7 灰土做找平垫层。方砖铺地一般采取平铺方式，有顺缝平铺和错缝平铺两种做法。

②混凝土方砖

正方形，常见规格有 297 mm×297 mm×60 mm、397 mm×397 mm×60 mm 等表面经翻模加工为方格或其他图纹，用 30 mm 厚细砂土做找平垫层铺砌。

③透水砖铺地

透水砖的主要生产工艺是将煤矸石、废陶瓷、长石、高岭土、黏土等粒状物与结合剂拌和，压制成型再进入高温燃烧而成具有多孔的砖。其材料强度高，耐磨性好。

（3）木质砖砌块路面

木质砖砌块路面因其具有独特的质感、较强的弹性和保温性，而且无反光，可提高步行的舒适性而被广泛用于露台、广场、园路的地面铺装。

（4）砌块铺地

用凿打整形的石块，或用预制的混凝土砌块铺地，也可以作为园路结构面层使用的。混凝土砌块可设计为各种形状、各种颜色和各种规格尺寸，还可以结合路面不同图纹和不同装饰色块，是目前城市街道人行道及广场铺地的常见材料之一。

2. 片材贴面铺装

片材是指厚度在 5 ～ 20 mm 的装饰性铺地材料，常用的片材主要是花岗岩、大理石、釉面墙地砖、陶瓷广场砖和马赛克等。这类铺地一般都是在整体现浇的水泥混凝土路面上使用。在混凝土面层上铺垫一层水泥砂浆，起路面找平和结合作用。用片材贴面装饰的路面，边缘最好设置道缘石。

（1）天然石材片铺地

主要指花岗岩，花岗石可采用红色、青色、灰绿色等多种，要先加工成正方形、长方形的薄片状，然后用来铺贴地面。其加工的规格大小，可根据设计而定，一般采取 500 mm×500 mm、700 mm×500 mm、700 mm×700 mm、600 mm×900 mm 等尺寸。或用其碎片铺贴，多成冰裂纹。常用的天然石材还有大理石，大理石铺地与花岗石相同。

（2）陶瓷广场砖铺地

广场砖多为陶瓷或琉璃质地，产品基本规格是 100 mm×100 mm，略呈扇形，可以在路面组合成直线的矩形图案，也可以组合成圆形图案。广场砖比釉面墙地砖厚一些，其铺装路面的强度也大一些，装饰路面的效果比较好。

（3）釉面墙地砖铺地

釉面墙地砖有丰富的颜色和表面图案，尺寸规格也很多，在铺地设计中选择余地很大；其商品规格主要有 100 mm×200 mm、300 mm×300 mm、400 mm×400 mm、400 mm×500 mm、500 mm×500 mm 等多种。

（4）马赛克铺地

庭园内的局部路面还可用马赛克铺地，如古波斯的伊斯兰式庭园道路，就常用这种铺地。马赛克色彩丰富，容易组合地面图纹，装饰效果较好，但铺在路面较易脱落，不适宜人流较多的道路铺装，所以目前采用马赛克装饰路面并不多见。

3. 整体现浇铺装

整体现浇铺装主要包括水泥混凝土路面、沥青混凝土路面和塑胶整体路面。整体现浇铺装的路面适宜风景区通车干道、公园主园路、次园路。

（1）沥青混凝土路面

一般以 30 ～ 50 mm 厚沥青混凝土做面层。根据沥青混凝土的骨料粒径大小，有细粒式、中粒式和粗粒式沥青混凝土可供选用。这种路面属于黑色路面，一般不用其他方法来对路面进行装饰处理。

（2）透水性沥青铺地

这种路面通常用直馏石油沥青。在车行道上，为提高骨料的稳定和改善耐久性，有必要使用掺橡胶和树脂等办法来改善沥青的性质。上层粗骨料为碎石、卵石、砂砾石、矿渣等。下层细骨料用沙子、石屑，并要求清洁，不能含有垃圾、泥土及有机物等。石粉主要使用石灰岩粉末，为防止剥离，可与消石灰或水泥并用。掺料为总料重量的 20% 左右。对于黏性土，这种难于渗透的土路基，可在垂直方向设排水孔，灌入沙子等。

（3）水泥混凝土路面

路面面层一般采用 C20 混凝土，做 120 ～ 160 mm 厚。路面每隔 10 m 设伸缩缝一道。对水泥混凝土面层的装饰，主要采取各种表面抹灰处理。

①普通抹灰

用普通灰色水泥配制成 1 ∶ 2 或 1 ∶ 2.5 水泥砂浆，在混凝土面层浇注后尚未硬化时进行抹面处理，抹面厚度为 1 ～ 1.5 cm。

②彩色水泥抹面

水泥路面的抹面层所用水泥砂浆，可通过添加颜料而调制成彩色水泥砂浆，用这种材料可做出彩色水泥路面。彩色水泥调制中使用的颜料，须选用耐光、耐碱、不溶于水的无机矿物颜料，如红色的氧化铁红、黄色的柠檬铬黄、绿色的氧化铬绿、蓝色的钴蓝和黑色的炭黑等。

③彩色水磨石地面

它是用彩色水泥石子浆罩面，再经过磨光处理而成的装饰性路面。按照设计，在平整后、粗糙、已基本硬化的混凝土路面面层上，弹线分格，用玻璃条、铝合金条（或铜条）作为分格条。然后在路面上刷上一道素水泥浆，再用 1 ∶ 1.25 ～ 1 ∶ 1.50 彩色水泥细石子浆铺面，厚 0.8 ～ 1.5 cm。铺好后拍平，表面滚筒压实，待出浆后再用抹子抹面。

④露骨料饰面

采用这种饰面方式的混凝土路面和混凝土铺砌板，其混凝土应用粒径较小的卵石配制。

⑤表面压模

是在铺设现浇混凝土的同时，采用彩色强化剂、脱模粉、保护剂来装饰混凝土表面，以混凝土表面的色彩和凹凸质感，表现天然石材、青石板、花岗岩甚至木材的视觉效果。

（4）彩色混凝土透水透气性路面

透水性路面是指能使雨水直接渗入路基的人工铺筑的路面。彩色混凝土透水透气性路面是采用预制彩色混凝土异型步道砖为骨架，与无沙水泥混凝土组合而成的组合式面层。一般采用单一粒级的粗骨料，不用或少用细骨料，并以水泥为胶凝材料配制成多孔混凝土。其孔隙率达 43.2%，步道砖的抗折强度不低于 4.5 MPa，混凝土抗折强度不低于 3 MPa 因此具有强度较高，透水效果好的性能。其基层选用透水性和蓄水性能较好，渗透系数不小于 10^{-3} cm/s，又具有一定强度和稳定性的天然级配砂砾、碎石或矿渣。

过滤层在雨水向地下渗透过程中起过滤作用，并能防止软土路基土质污染基层。过滤层材料的渗透系数应略大于路基土的渗透系数。土基的要求：为确保土基具有足够的透水性，路基土质的塑性指数不宜大于 10，应避免在重黏土路基上修筑透水性路面。修整土路基时，其压实度宜控制在重型击实标准的 87% ～ 90%。

4. 木铺地

（1）木条板铺地

用于铺地的木材有正方形的木条、木板，圆形、半圆形的木桩等。在潮湿近水的场所使用时，宜选择耐湿防腐的木料。

天然木材独具的质感、色调、弹性，可令步行更为舒适。而贾拉木、红杉等木材在通常的环境条件下无须使用防腐剂，是可使用 10 ～ 15 年不腐朽的进口建材，常用于露台、广场、木质人行道，水滨码头甲板、木桥的地面铺装。

一般用于铺装木板路面的木材，除无须防腐处理的红杉等木材外，还有多种可加压注入防腐剂的普通木材。防腐剂应尽量选择对环境无污染的种类。还有许多具有一定耐久性的木材，如柚木（东南亚）等。

红杉木木质柔软，耐磨性较差，适用于可赤足踩踏的园路地板。另外，因加工容易，还可用于栏杆长凳。

（2）圆木铺地

铺地用的木材以松、杉、桧为主，直径 10 cm 左右，木材的长度平均锯成 15 cm。

5. 镶嵌与拼花铺装

用砖、石子、瓦片、碗片等材料，通过拼砌镶嵌的方法，将园路的结构面层做成具有美丽图案纹样的路面。一般用立砖、小青瓦瓦片来镶嵌出线条纹样，并组合成基本的图案，再用各色卵石、砾石镶嵌作为色块，填充图形大面，并进一步修饰铺地图案。

（1）水洗石子

水洗石子的粒径一般为 5 ～ 10 mm，卵圆形，颜色有黑、灰、白、褐等，可以选用单色或混合色应用。混合色者往往较能与环境调和，因此应用较普遍。洗石子地面处理除了用普通的水泥外，尚可用白色或加有红色、绿色着色剂的水泥，使石子洗出的格调更为特殊。

（2）鹅卵石

鹅卵石是指直径为 6 ～ 15 cm 形状圆滑的河川冲刷石。用鹅卵石铺设的园路稳重而又实用，别具一格。

6. 木屑路面

木屑路面是利用针叶树树皮、木屑等铺成的，其质感、色调、弹性好，并使木材得到有效利用，一般用于公共广场、散步道、步行街等场所，有的木屑路面不用黏合剂固定木屑，只是将砍伐、剪枝留下的木屑简单地铺撒在地面上。使用这种简易铺装路面时应注意慎重选择地点，既要避免因风吹雨淋破坏路面，又要预防幼儿误食木屑。

7. 嵌草路面

嵌草路面有两种类型：一种是在块料铺装时，在块料之间留出空隙，其间种草。如冰裂纹嵌草路面、人字纹嵌草路面等。绿色草皮呈线状有规律地分布；另一种是制作成可以嵌草的各种纹样的混凝土空心砖，通常使绿色草皮呈点状有规律地分布。

嵌草路面的预制混凝土砌块按照设计可有多种形状，大小规格也有很多种，也可做成各种彩色的砌块，但其厚度都不小于 80 mm，一般厚度都设计为 100 ～ 150 mm。砌块的形状基本可分为实心和空心两类。

二、园路设计的常用材料选择

（一）花岗岩品种

天然石材中的花岗岩质地坚硬密实，在极端易风化的天气条件下耐久性好，能承受重压，表面颜色和纹理多样，装饰性好，是常见的园路路面铺装面层材料。

花岗岩是典型的深成岩，其化学成分主要是SiO_2（质量分数为65%～70%）。所以花岗岩为含硅较多的重酸性深成岩。

1. 花岗岩板材的类型

按表面加工的方式分为：粗磨板（表面经过粗磨，光滑而无光泽）、磨光板（经打磨后表面光亮、色泽鲜明、晶体裸露，经刨光处理即为镜面花岗岩板材）、剁斧板（表面粗糙，具有规则的条状斧纹）、机刨板（用刨石机刨成较为平整的表面，表面呈相互平行的刨纹）等。

2. 花岗岩板材的规格

天然花岗岩剁斧板和机刨板按图纸要求加工。粗磨板和磨光板材常用尺寸为300 mm×300 mm、305 mm×305 mm、400 mm×1400 mm、600 mm×300 mm、600 mm×600 mm、900 mm×600 mm、1070 mm×750 mm等，厚度20 mm。

3. 花岗岩的特点

装饰性好，其花纹为均粒状斑纹及发光云母微粒；坚硬密实，耐磨性好；耐久性好；花岗岩孔隙率小，吸水率小；耐风化；具有高抗酸腐蚀性；耐火性差，花岗岩中的石英在573 ℃和870 ℃时会发生晶体转变，产生体积膨胀，火灾发生时可引起花岗岩开裂破坏。

（二）加工处理过的石材

石材表面通过不同的加工处理可以形成不同的效果，加工过的石材有以下类型：

1. 烧毛后

用火焰喷射器灼烧锯切下的板材表面，利用组成花岗石的不同矿物颗粒热膨胀系数的差异，使其表面一定厚度的表皮脱落，形成表面整体平整但局部轻微凹凸起伏的形式。烧毛石材反射光线少，视觉柔和，与抛光石材相比石材的明度提高、色度下降。

2. 剁斧后

剁斧是传统的加工方法，常用斧头嵌凿石材表面形成特定的纹理。现代剁斧石概念的外延大大延伸了，常指人工制造出的不规则纹理状的石材。剁斧石一般用手工工具加工，如花锤、斧子、錾子、凿子等通过锤打、凿打、劈剁、整修、打磨等办法将毛坯加工成所需的特殊质感，其表面可以是网纹面、锤纹面、岩礁面、隆凸面等多种形式。现在，有些加工过程可以使用劈石机、自动锤凿机、自动喷砂机等完成。

3. 机刨纹理后

通过专用刨石机器将板面加工成特定凹凸纹理状的方法。

4. 亚光后

将石材表面研磨，使石材具有良好的光滑度、有细微光泽但反射光线较少。

5. 抛光后

将从大块石料上锯切下的板材通过粗磨、细磨、抛光的工序使板材具有良好的光滑度及较高的反射光线能力，抛光后的石材其固有的颜色、花纹得以充分显示，装饰效果更佳。

6. 其他特殊加工

现代的机械技术为石板的加工提供了更多的可能性，除了上述基本方法外还有一些根据设计意图产生的特殊加工方法，如在抛光石材上局部烧毛做出光面毛面相接的效果，在石材上钻孔产生类似于穿孔铝板似透非透的特殊效果，等等。

7. 喷沙

用砂和水的高压射流将沙子喷到石材上，形成有光泽但不光滑的表面。

对于砂岩及板岩，由于其表面的天然纹理，一般外露面为自然劈开或磨平显示出自然本色而无须再加工，背面则可直接锯平，也可采用自然劈开状态；大理石具有优美的纹理，一般均采用抛光、亚光的表面处理以显示出其花纹，而不会采用烧毛工艺隐藏其优点；而花岗石因为大部分品种均无美丽的花纹则可采用上述所有方法。

三、园路设计要点及内容

（一）公园的园路类型分析

一般公园园路根据重要性、级别和功能分为主园路、次园路、游步道三类。

例如根据某公园设计方案分析，公园内部如果不通行机动车，可允许主园路上通行公园内部电瓶游览车。公园主园路宽度可设计为2.5 m。主园路贯穿四个入口广场和各景区，形成闭合环状，是全园道路系统的骨架。该公园次园路宽度一般为1.5～2.0 m，分布于各景区内部联系各景点，以主园路为依托形成闭合环状。次园路类型最多，长度最大，主要为游人游览观景提供服务，不通行电瓶游览车。游步道宽度一般为1.0～1.2 m，分布在各景点内部，布置灵活多样，如水边汀步、假山蹬道、嵌草块石小道等。

（二）公园园路系统的布局形式

园路系统主要由不同级别的园路和各种用途的园林场地构成。一般园路系统布局形式有套环式、条带式和树枝式三种。

通常公园的园路系统由主园路、次园路、游步道、各入口广场、体育活动场、源水休闲广场、亲水平台等园林场地组成。

公园的园路系统的特征是：主园路形成一个闭合的大型环路，再由很多的次园路和游步道从主园路上分出，并且相互穿插连接与闭合，构成较小的环路。不同级别园路之间是环环相套、互通互连的关系，其中少有尽端式道路。

例如，校区中心公园的园路系统形式为套环式园路系统。

（三）主园路铺装式样设计

首先确定园路的铺装类型。不同的路面铺装由于使用材料的特点不同，其使用的场所有所不同。如通机动车的主园路一般选择整体现浇铺装，即以水泥混凝土路面和沥青混凝土路面为主。

公园主园路不通行机动车，主要通行游人。因此，可选择装饰性更好的道路铺装形式为片材贴面铺装或板材砌砖铺装。

片材是指厚度在 5 ～ 20　mm 之间的装饰性铺地材料，常用的片材主要是花岗岩、大理石、釉面墙地砖、陶瓷广场砖和马赛克等。大理石在室外容易腐蚀破损，因此主要用于室内。马赛克规格较小，一般边长在 20 ～ 30　mm，最大在 50　mm 以内。由于规格小容易脱落，因此，主要用于墙面，地面只做局部装饰。

考虑主园路既能保证一定承载量，同时保证美观，并考虑与自然式公园意境相协调，设计确定主园路铺装形式为片材贴面铺装。采用不规则花岗岩石片冰裂纹碎拼，石片间缝用彩色卵石镶嵌。卵石与石片保持水平以保证游人行走的舒适性。

材料选择为 30　mm 厚块径 300 ～ 500　mm 的不规则黄锈石，冰裂纹碎拼；直径为 30 ～ 50mm 彩色卵石（白色或黄色）嵌缝，与石板做平。园路边缘设置道缘石。道缘石选用 600　mm×300　mm×50　mm 的青石板。青石板表面处理为荔枝面。

（四）主园路结构剖面设计

主园路不通行机动车，主要通行游人，因此，园路对承重要求不高。已确定主园路铺装形式为片材贴面铺装。该类型铺地一般都是在整体现浇的水泥混凝土路面上采用。在混凝土面层上铺垫一层水泥砂浆，起路面找平和结合作用。由于片材薄，在路面边缘容易破碎和脱落，因此，该类型铺地最好设置道牙，以保护路面，同时也可使路面更加整齐和规范。

某园路结构为：路基为素土夯实；路面垫层为 150　mm 厚碎石灌浆填缝；路面基层选

用 120 mm 厚素混凝土（无配筋的混凝土）；路面结合层为 30 mm 厚、1 ∶ 3 干硬性水泥砂浆（干硬性是指砂浆拌和物流动性的级别），面上撒素水泥增加对片材的黏结度；路面面层为 30 mm 厚黄锈石，彩色卵石嵌缝，50 mm 厚青石为路缘道牙侧石，略凸出路面 20 mm，青石边缘做倒角圆边处理。卵石与黄锈石面平齐，以便保证游人行走的舒适性和安全性。

（五）次园路铺装式样设计

不同景区内的次园路铺装形式根据景区特点有不同要求。本步骤以西入口广场东侧水平草地内的次园路为例。已知该次园路宽度为 2 m。

首先确定路面铺装的类型：依据公园设计方案，该次园路为直线形，位于平地。园路铺装的形式可选择整形的板材砌砖铺装。

板材砌砖铺装是指用厚度在 50 ～ 100 mm 的整形板材、方砖、预制混凝土砌块铺设的路面。通常包括砖铺地、砌块铺地、板材铺地三种类型。

1. 砖铺地

通常指用混凝土方砖、黏土砖、透水砖的铺地形式。混凝土方砖常见规格有 297 mm×297 mm×60 mm、397 mm×397 mm×60 mm 等表面经翻模加工为方格或其他图纹。黏土砖有方砖，也有长方砖。方砖及其设计参考尺寸有：尺二方砖，400 mm×400 mm×60 mm；尺四方砖，470 mm×470 mm×60 mm；足尺七方砖，570 mm×570 mm×60 mm；二尺方砖，640 mm×640 mm×96 mm；二尺四方砖，768 mm×768 mm×144 mm。长方砖规格有：大城砖，480 mm×240 mm×130 mm；二城砖，440 mm×220 mm×110 mm；地趴砖，420 mm×210 mm×85 mm；机制标准青砖，240 mm×115 mm×53 mm。

2. 砌块铺地

指用凿打整形的天然石块，或用预制的混凝土砌块铺地。混凝土砌块可设计为各种形状、各种颜色和各种规格尺寸，还可以结合路面不同图纹和不同装饰色块，是目前城市街道人行道及广场铺地的最常见材料之一。

3. 板材铺地

包括打凿整形的天然石板和预制的混凝土板。选用的天然石板一般加工的规格有：497 mm×497 mm×50 mm、697 mm×497 mm×60 mm、997 mm×697 mm×70 mm 等。预制混凝土板的规格尺寸常见有 497 mm×497 mm、697 mm×697 mm 等。预制混凝土铺砌的顶面，常可加工成光面、彩色水磨石面或露骨料面。

根据设计分析确定园路铺装的形式为整形的板材砌砖铺装中的砖铺地。砖选择规格为300 mm×150 mm×60 mm的彩色混凝土砖，砖铺地采用人字纹错缝平铺方式，宽度为1.6 m，以暗红色彩砖为主，每750 mm设置一行蓝色彩砖，增加园路的节奏韵律。路缘设置平道牙，道牙材料选用500 mm×200 mm×50 mm的预制C15细石混凝土板。

（六）次园路结构剖面设计

已知确定该次园路铺装的形式为整形的板材砌砖铺装。该类面层材料可作为道路结构面层。可在其下直接铺30～50 mm的粗沙做找平的垫层，可不做基层。或以粗砂为找平层，在其下设置80～100 mm厚的碎石层做基层，为使板材砌砖面层更牢固，可用1：3水泥砂浆做结合层代替粗砂。

通过设计分析，考虑由于沿海地区园路区域为软土，地下水位高，次园路宜设置垫层为排水、防冻需要；同时，设置结构强度高的素混凝土基层，保护路面不沉降。因此，路面结构各层设计为：路基为素土夯实；路面垫层为100 mm厚碎石层；路面基层为100 mm厚C15混凝土层；路面结合层为20 mm厚1：3水泥砂浆层；路面面层为300 mm×150 mm×60 mm的彩色预制混凝土砖。道牙形式为平道牙，材料选择为50 mm厚预制C15细石混凝土板。

（七）游步道铺装式样设计

游步道主要分布在各景点内部，以深入各角落的游览小路，宽度一般为1.0～1.5 m。以北入口广场南面的平整草地上的嵌草块石小道为例。

游步道设计要结合景点环境特点，随地形起伏，高低错落，曲折多变，路面铺装应自然生动，形式多变。

游步道要满足游人的最小运动宽度，一般单人最小宽度为0.75 m，因此，可选择该处游步道宽度为1.0 m。

确定游步道的铺装类型。该处游步道功能上只满足一人游览通行，考虑该处为西面直线次园路的延伸，处于较平整的草地上，因此，选用有规则的圆弧曲线线形布置，材料选用规整的石板。同时考虑到园路与草坪的自然融合，综上可知该处游步道铺装类型选用砌块嵌草铺装。材料选用规格为1000 mm×400 mm的毛面红色系中国红花岗岩。相邻的石板间留缝嵌草，石板间缝设计宽度宜小于游人的一步距，即650 mm。因此，相邻石板（以石板间的中心线计算）间隔不超过700 mm，以便保证游人行走的舒适性。

（八）游步道结构剖面设计

由于游步道功能上只满足 1 ～ 2 人游览通行，因此，游步道对结构强度较低，可以采用厚度小的基层或省略不做。

通过设计分析，确定该处游步道结构设计为：路基为素土夯实；采用 50 mm 厚的粗砂作为垫层，同时起找平的作用；路面面层选用 80mm 厚毛面花岗岩；不设置道牙。

四、常见园路及其附属工程构造设计实践

常见的园路根据路面铺装特点和功能可以分为水泥混凝土车行道、沥青混凝土路、水洗石混凝土路面、陶瓷广场砖路面、石板路面、连锁混凝土砌块路面、砖铺地、透水砖铺地、弹石路面、卵石路面、砌块嵌草路面等。

（一）礓礤的结构设计

在坡度较大的地段上，一般纵坡超过 15% 时，本应设台阶，但为了能通行车辆，将斜面做成锯齿形坡道，称为礓礤。

（二）园路台阶的结构设计

园林道路在穿过高差较大的上下层台地，或者穿行在山地、陡坡地时，当路面坡度超过 12° 时，为了便于行走，在不通行车辆的路段上，可设台阶。台阶的宽度与路面相同，一般每级台阶的高度为 2 ～ 17 cm，宽度为 30 ～ 38 cm。为了防止台阶积水、结冰，每级台阶应有 1% ～ 2% 的向下的坡度，以利于排水。

有时为了夸张山势，台阶的高度可增至 25 cm 以上，以增加趣味。在广场、河岸等较平坦的地方，有时为了营造丰富的地面景观，也要设计台阶，使地面的造型更加富于变化。根据使用的结构材料和特点台阶可分为砖石阶梯踏步、混凝土踏步、山石磴道、攀岩天梯梯道等。其结构设计要点如下：

1. 山石磴道

在园林土山或石假山及其他一些地方，为了与自然山水园林相协调，梯级道路不采用砖石材料砌筑成整齐的阶梯，而是采用顶面平整的自然山石，依山随势地砌成山石磴道。山石材料可根据各地资源情况选择，砌筑用的结合材料可用石灰砂浆，也可用 1 ∶ 3 水泥砂浆，还可以采用山土垫平塞缝，并用片石刹垫稳当。踏步石踏面的宽窄允许有些不同，可在 30 ～ 50 cm 之间变动。踏面高度还应统一起来，一般采用 12 ～ 20 cm。设置山石磴道的地方本身就是供登攀的，所以踏面高度大于砖石阶梯。

2. 砖石台阶

以砖或整形毛石为材料，M2.5混合砂浆砌筑台阶与踏步，砖踏步表面按设计可用1∶2水泥砂浆抹面，也可做成水磨石踏面，或者用花岗石、防滑釉面地砖做贴面装饰。根据行人在踏步上行走的规律，一步踏的踏面宽度应设计为28～38 cm，适当再加宽一点儿也可以，但不宜宽过60 cm；二步踏的踏面可以宽90～100 cm。

每一级踏步的宽度最好一致，不要忽宽忽窄。每一级踏步的高度也要统一，不得高低相间。一级踏步的高度一般情况下应设计为10～16.5 cm。低于10 cm时行走不安全，高于16.5 cm时行走较吃力。儿童活动区的梯级道路，其踏步高应为10～12 cm，踏步宽不宜超过45 cm。一般情况下，园林中的台阶梯道都要考虑伤残人士轮椅和自行车推行上坡的需要，要在梯道两侧或中带设置斜坡道。梯道太长时，应当分段插入休息缓冲平台，使梯道每一段的梯级数最好控制在25级以下；缓冲平台的宽度应在1.58 m以上，太窄时不能起到缓冲作用。在设置踏步的地段上，踏步的数量至少应为2～3级，如果只有一级而又没有特殊的标记，则容易被人忽略，使人绊跤。

3. 混凝土台阶

一般将斜坡上素土夯实，坡面用1∶3∶6三合土（加碎砖）或3∶7灰土（加碎砖石）做垫层并筑实，厚6～10 cm；其上采用C10混凝土现浇做踏步。踏步表面的抹面可按设计进行。每一级踏步的宽度、高度及休息缓冲平台、轮椅坡道的设置等要求，都与砖石阶梯踏步相同，可参照进行设计。

4. 攀岩天梯梯道

这种梯道是在风景区山地或园林假山上最陡的崖壁处设置的攀登通道。一般是从下至上在崖壁凿出一道道横槽作为梯步，如同天梯一样。梯道旁必须设置铁链或铁管矮栏并固定于崖壁壁面，作为攀登时的扶手。

第二节　园林场地景观设计

一、园林场地设计理论

（一）园林场地的类型

园林场地是相对较为宽阔的铺装地面，而园路是狭长形的带状铺装地面。园林场地的主要功能是汇集园景、休闲娱乐、人流集散、车辆停放等。园林场地根据主要功能不同可分为园景广场、休闲娱乐场地、集散场地、停车场和回车场等类型。具有不同实用功能的园林场地类型设计形式也不相同。

1. 园景广场

园景广场是将园林立面景观集中汇聚、展示在一处，并突出表现宽广的园林地面景观（如装饰地面、花坛群、水景池等）的一类园林场地。园林中常见的门景广场、纪念广场、中心花园广场、音乐广场等，都属于这类广场。第一方面，园景广场在园林内部形成开敞空间，增强了空间的艺术表现力；第二方面，它可以作为季节性的大型花卉园艺展览或盆景艺术展览等的展出场地；第三方面，它还可以作为节假日大规模人群集会活动的场所，而发挥更大的社会效益和环境效益。

2. 休闲娱乐场地

这类场地具有明确的休闲娱乐性质，在现代公共园林中是很常见的一类场地。例如，设在园林中的旱冰场、滑雪场、跑马场、射击场、高尔夫球场、赛车场、游憩草坪、露天茶园、露天舞场、钓鱼区，以及附属于游泳池边的休闲铺装场地等，都是休闲场地。

3. 集散场地

集散场地设在主体性建筑前后、主路路口、园林出入口等人流频繁的重要地点，以人流集散为主要功能。这类场地除主要出入口以外，一般面积都不很大，在设计中附属性地设置即可。

4. 停车场和回车场

停车场和回车场主要指设在公共园林内外的汽车停放场、自行车停放场和扩宽路口形成的回车场地。停车场多布置在园林出入口内外，回车场则一般在园林内部适当地点灵活设置。

5. 其他场地

附属于公共园林内外的场地，还有如旅游小商品市场、花木盆栽场、餐厅杂物院、园林机具停放场等，其功能不一，形式各异，在规划设计中应分别对待。

（二）园林场地的地面装饰类型

园林场地的常见地面装饰类型有图案式地面装饰、色块式地面装饰、线条式地面装饰、台地式分色地面装饰。

1. 线条式地面装饰

地面色彩和质感处理，是在浅色调、细质感的大面积底色基面上，以一些主导性、特征性的线条造型为主进行装饰。这些造型线条的颜色比底色深，也更要鲜艳一些，质地常常也比基面粗，是地面上比较容易引人注意的视觉对象。线条的造型有直线形、折线形，也有放射状、旋转形、流线型，还有长短线组合、曲直线穿插、排线宽窄渐变等富于韵律变化的生动形象。

2. 色块式地面装饰

地面铺装材料可选用 3 ～ 5 种颜色，表面质感也可以有 2 ～ 3 种表现；广场地面不做图案和纹样，而是铺装成大小不等的方、圆、三角形及其他形状的颜色块面。色块之间的颜色对比可以强一些，所选颜色也可以比图案式地面更加浓艳。但是，路面的基调色块一定要明确，在面积、数量上一定要占主导地位。

3. 台地式分色地面装饰

将广场局部地面做成不同材料质地、不同形状、不同高差的宽台地或宽阶形，使地面具有一定的竖向变化，又使某些局部地面从周围地面中独立出来，在广场上创造出特殊的地面空间。其地面装饰对不同高程的台地采用不同色彩和质地的铺地形式。例如，在广场上的雕塑位点周围，设置具有一定宽度的凸台形地面，就能够为雕塑提供一个独立的空间，突出雕塑作品。

4. 图案式地面装饰

用不同颜色、不同质感的材料和铺装方式，在广场地面做出简洁的图案和纹样。图案纹样应规则对称，在不断重复的图形线条排列中创造生动的韵律和节奏。采用图案式手法铺装时，应注意图案线条的颜色要偏淡偏素，绝不能浓艳。除了黑色以外，其他颜色都不要太深太浓。对比色的应用要掌握适度，色彩对比不能太强烈。地面铺装中，路面质感的对比可以比较强烈，如磨光的地面与露骨料的粗糙路面，就可以相互靠近，强烈对比。

（三）园林场地的竖向设计

一般园林场地进行竖向设计时，都要求地面又宽又平，并保持一定的排水坡度，使人既感觉到场地的平坦，又不会在下雨时造成地面积水。不同平面形状的场地，在竖向设计上会有一些不同的要求。

1. 凸形场地

场地周围低，中央高，雨水从中央向周围排，通过外围的雨水口而排出。凸形场地适宜在山头、高地设置，也可用在纪念碑、主题雕塑等需要突出中心景物的广场上。

（1）园林场地竖向设计要有利于排水，要保证场地地面不积水。为此，任何场地在设计中都要有不小于 0.3% 的排水坡度，而且在坡面下端要设置雨水口、排水管或排水沟，使地面有组织地排水，组成完整的地上地下排水系统。场地地面坡度也不要过大，坡度过大则影响场地使用。一般坡度在 0.5% ～ 5% 较好，最大坡度不得超过 8%。

（2）竖向设计应当尽量做到减少土石方工程量，最好要做到土石方就地平衡，避免二次转运，减少土方用工量。场地整平一般采用“挖高填低”方式进行。如果在坡度较大的自然坡地上设置场地，设计时应尽量使场地的长轴与坡地自然等高线平行，并且设计为向外倾斜的单坡场地，这样可以减少土方工程量，也有利于地面排水。

（3）场地竖向设计与场地的功能作用有一定的关系。合理的场地竖向设计有利于场地功能作用的充分发挥。例如，广场上的座椅休息区，其地坪设计高出周围 20 ～ 30 cm，使成低台状，就能够保证下雨时地面不积水，雨后马上可以再供使用。

（4）广场中央设计为大型喷泉水池时，采用下沉式广场形式，降低广场地坪，就能够最大限度地发挥喷泉水池的观赏作用。园林中纪念性主体建筑的前后场地，采用单坡小广场的竖向设计，使主体建筑位置稍高，显得凸出；又使雨水从建筑前向外排出，很好地保护了建筑基础不受水浸。

2. 矩形双坡场地

对面积广大、自然地形平坦的广场用地，可按双向坡面设计成双坡广场。双坡广场两个坡面的交接线自然形成一条脊线，成为广场地面的轴线。轴线的走向最好与广场中轴线相重合，或与广场前主路的中心线相接，以利于地面排水和广场景观。双坡场地的排水，都是从地面轴线两侧向坡面以外排，通过最外侧的集水沟或地下雨水管排出。过分狭长的矩形广场，则可在短轴方向另加一条脊线，并在脊线变坡点处做适当的处理，如布置花境或纪念物等，以消除空间过于拉长的感觉。

3. 矩形单坡场地

园林大门前后广场、园林建筑前后的小场地、建在坡地上的小广场等，常常顺着天然坡面做成单坡场地。单坡场地的坡度一般大于 5%，不利于车辆行驶，可作为休息场地，布置一些花坛、草坪，或设计为有乔木遮阳的铺装场地，作为露天茶园。由等高线表达的广场竖向特征可知，这类矩形的单坡广场地面没有明显的轴线；场地排水也是单方向的。

4. 下沉式广场

这类广场近似于盆地形，平面上的形状多成圆形。它可使广场周围的建筑、树木景观得到突出的表现，也使广场地面更低，可以从周围斜向俯瞰，而广场的全貌及其地面景观的观感也就会更好。下沉式广场的排水，可在广场中央地下设置环形雨水暗沟；雨水从广场周围向中央排，通过广场中圈的雨水口排入暗沟。

二、园林场地景观设计分析及内容

以某园林景观设计为例：

（一）园林场地类型

园林场地根据功能不同可分为园景广场、休闲娱乐广场、集散场地、停车场和回车场、其他场地。园林场地是游人在园林中的主要活动空间。

园景广场是指一处将园林景观（如装饰地面、花坛群、水景池、雕塑等）集中汇聚展示的宽广园林地面，常见的类型有门景广场、纪念广场、中心花园广场、音乐广场等。

休闲娱乐广场具有明确的休闲娱乐性质。如园林中的露天舞场、露天茶厅、旱冰场、滑冰场、赛车场、跑马场、钓鱼台等。

集散场地以人流集散为主要功能，常设在人流频繁的公园出入口、建筑物前、主要路口等重要位置。

某公园的主要园林场地有：东入口广场、西入口广场、南入口广场、北入口广场、体育健身活动广场、源水休闲广场、南北亲水平台、停车场等。

东入口广场、南入口广场、北入口广场以人流集散为主，属于集散场地。

西入口是广场以景观装饰为主、人流集散为辅的门景广场，属于园景广场。

北亲水平台上广场设置大型景观张拉膜结构，是公园的平立面构图中心。因此，北亲水平台是以景观装饰为主、亲水休闲活动为辅的园景广场。

体育健身活动广场、源水休闲广场、南亲水平台广场分别是以体育健身活动、品茶、钓鱼亲水等休闲活动为主的广场，属于休闲娱乐场地。

（二）某公园入口广场的平面铺装设计

公园出入口的门景广场，由于人、车集散，交通性较强，绿化用地不能很多，一般都在 10% ～ 30%，其路面铺装面积常达到 70% 以上。

园景广场的铺装面积较大，在广场设计中占有重要地位，地面常用整体现浇的混凝土铺装、各种抹面、贴面、镶嵌及砌块铺装方法进行装饰。园林场地的常见地面装饰类型有：图案式地面装饰、色块式地面装饰、线条式地面装饰、台地式分色地面装饰。

园景广场的铺装地面设计应注意以下几条原则。其一，整体性原则：地面铺装的材料、质地、色彩、图纹等，都要协调统一，不能有割裂现象。其二，主导性原则：突出主体、主次分明。要有基调和主调，在所有局部区域，都必须有一种主导地位的铺装材料和铺装做法，必须有一种占主导地位的图案纹样和配色方案，必须有一种装饰主题和主要装饰手法。其三，简洁性原则：要求广场地面的铺装材料、造型结构、色彩图纹不要太复杂，适当简单一些，便于施工。其四，舒适性原则：一般园景广场的地坪整理和地面铺装，都要满足游人舒适地游览散步的需要，地面要平整。地形变化处要有明显标志。路面要光而不滑，行走要安全。

通过分析可知，广场地面一般应以光洁质地、浅淡色调、简明图纹、平坦地形为铺装主导。

分析可知，入口广场属于园景广场，场地平面形状大致成规则的长方形，周边设置有规则的花坛、水池、景墙、宣传牌等景物布置，可对入口广场进行规则的线条式铺装设计。

首先，整个广场以 400 mm×400 mm×30 mm 的黄锈石花岗岩火烧板贴面顺纹斜铺为基调，形成暖色调的基底，保持广场地面的整体性。其次，以与基调不同质地和色彩的十字交叉线条将广场分为四个局部，形成在大面积底色基面上用主导性的规则线条造型的线条式地面装饰类型。

整个广场用 600 mm×600 mm×40 mm 福建 654 号浅灰色荔枝面花岗岩板镶边，可明显标记出整个广场的范围，以体现广场的整体性。

整个广场被规则的十字形线条划分为四个局部，左上部为广场入口部分，可进行重点局部装饰。如进行色块式地面装饰，在黄色基底中设置一个规则的浅灰色镶边的红色长方形色块，起到强调和装饰入口的作用。采用材料为 400 mm×400 mm×30 mm 的枫叶红花岗岩火烧板为色块，400 mm×600 mm×30 mm 福建 614 号荔枝面花岗岩板为浅灰色镶边。该处也可设置成装饰性更强的图案式地面装饰，可选择与公园主题或性质相符的图案进行装饰。

（三）入口广场的竖向设计

一般场地在竖向设计中，都要求将地面整理得又宽又平，并保持一定的排水坡度。不同平面形状的场地根据原地形现状可设计为单坡场地、双坡场地、下沉场地、凸形场地等类型。

入口广场自然地形平坦，面积比较大，通过分析确定入口广场竖向设计为双坡场地。把两个坡面的交接线自然形成一条脊线，成为广场的东西轴线。场地从广场东西轴线两侧向坡面以外排水，通过最外侧的集水沟或地下雨水管排出。坡度取值为 1%，广场地面最高点控制高程为 24.300 m，周边花池高 450 mm，花池内种植土高程为 24.750 mm。

（四）入口广场的场地结构设计

场地的结构设计方法基本与园路的结构设计相同。

入口广场的功能主要为景观装饰，人流集散为次，因此主要供游人赏景和交通，不通行机动车。场地的荷载不大，对结构要求不高，因此选用铺装形式为装饰效果好的片材贴面铺装。选用材料主要为不同品种颜色的花岗岩，形成平面铺装式样。

确定铺装形式为片材贴面铺装。由于片材材料薄，一般为 5 ～ 20 mm。这类铺装一般都要求在整体现浇的水泥混凝土基层上使用。该广场片材选用厚度为 30 mm 的黄锈石、红锈石、枫叶红、福建 614 号、福建 654 号等品种的花岗岩片材。

在厚度为 100 mm C20 混凝土基层上铺垫一层厚度为 25 mm 的 1 ： 2 水泥砂浆，起路面找平和结合作用。设置 150 mm 厚碎石垫层。场地基础为原土夯实。

片材贴面铺装其边缘最好设置道缘石，使场地边缘整齐规范。该广场用 40 mm 厚的浅灰色福建 654 号荔枝面花岗岩收边。

（五）其他类型场地的设计

该校区中心公园还有其他广场类型。如南入口广场东侧有停车场的设置，分析停车场地的平面布局，对停车场地进行铺装设计和结构设计。

公园在西南位置设置了体育活动广场，为游人提供健身活动的场所和器材。分析体育活动场地的平面布局，可对体育活动场地进行铺装设计和结构设计。

三、常见园林场地类型的设计

（一）游戏场的设计

游戏场设计要点。公园内的游戏场要与安静休憩区、游人密集区及城市干道之间，用园林植物或自然地形等构成隔离地带。幼儿和学龄儿童使用的器械，应分别设置。游戏内容应保证安全、卫生和适合儿童特点，有利于开发智力，增强体质。不宜选用强刺激性、高能耗的器械。

游戏设施的设计应符合下列规定：

（1）机动游乐设施及游艺机，应当符合游乐设施安全规范的规定。

（2）儿童游戏场内应设置坐凳及避雨、庇荫等休憩设施。

（3）宜设置饮水器、洗手池。

（4）儿童游戏场内的建筑物、构筑物及设施要求：室内外的各种使用设施、游戏器械和设备应结构坚固、耐用，并避免构造上的硬棱角；尺度应与儿童的人体尺度相适应；造型、色彩应符合儿童的心理特点；根据条件和需要设置游戏的管理监护设施。

（5）戏水池最深处的水深不得超过0.35 m，池壁装饰材料应平整、光滑且不易脱落，池底应有防滑措施。

游戏场地面场内园路应平整，路缘不得采用锐利的边石；地表高差应采用缓坡过渡，不宜采用山石和挡土墙；游戏器械地面宜采用耐磨、有柔性、不扬尘的材料铺装。

（二）停车场的设计

1. 停车场的位置，一般设在园林大门以外，尽量布置在大门的同一侧。大门对面有足够面积时，停车场可酌情安排在对面。少数特殊情况下，大门以内也可划出一片地面做停车场。在机关单位内部没有足够土地用作停车场时，也可扩宽一些庭院路面，利用路边扩宽区域作为小型的停车场。面临城市主干道的园林停车场，应尽可能离街道交叉口远些，以免造成交叉口处的交通混乱。停车场出入口与公园大门原则上都要分开设置。停车场出入口不宜太宽，一般设计为7～10 m。

2. 园林停车场在空间关系上应与公园、风景区内部空间相互隔离，要尽量减少对园林内部环境的不利影响，因此，一般都应在停车场周围设置高围墙或隔离绿带。停车场内设施要简单，要保证车辆来往和停放通畅无阻。

3. 停车场内车辆的通行路线及倒车、回车路线必须合理安排。车辆采用单方向行驶，要尽可能取消出入口处出场车辆的向左转弯。对车辆的行进和停放，要设置明确的标识加以指引。地面可绘上不同颜色的线条，来指示通道、划分车位和表明停车区段。不同大小长短的车型，最好能划分区域，按类停放，如分为大型车区、中型车区和小型微型车区等。

4. 根据不同的园林环境和停车需要，停车场地面可以采用不同的铺装形式。城市广场、公园的停车场一般采用水泥混凝土整体现浇铺装，也常采用预制混凝土砌块铺装或混凝土砌块嵌草铺装；其铺装等级应当高一点儿，场地应更加注意美观整洁。风景名胜区的停车场则可视具体条件，采用沥青混凝土和泥结碎石铺装为主；当然如条件许可，也可采用水泥混凝土或预制砌块来铺装地面。为保证场地地面结构的稳定，地面基层的设计厚度和强度都要适当增加。为了地面防滑的需要，场地地面纵坡坡度在平原地区不应大于 0.5%，在山区、丘陵区不应大于 0.8%。从排水通畅方面考虑，地面也必须有不小于 0.2% 的排水坡度。

车辆的停放方式，按车辆沿着停车场中心线、边线或道路边线停放时有三种：垂直式、平行式、斜角式。停车方式对停车场的车辆停放量和用地面积都有影响。

一是垂直式。车辆垂直于场地边线或道路中心线停放，每一列汽车所占地面较宽，可达 9 ～ 12 m；并且车辆进出停车位均须倒车一次。但在这种停车方式下，车辆排列密集，用地紧凑，所停放的车辆数也最多；一般的停车场和宽阔停车道都采用这种方式停车。

二是平行式。停车方向与场地边线或道路中心线平行。采用这种停车方式的每一列汽车，所占的地面宽度最小，因此，这是适宜路边停车场的一种方式。但是为了车辆队列后面的车能够驶离，前后两车间的净距要求较大；因而在一定长度的停车道上，这种方式所能停放的车辆数比用其他方式少 1/2 ～ 2/3。

三是斜角式。停车方向与场地边线或道路边线成 45° 斜角，车辆的停放和驶离都最为方便。这种方式适宜停车时间较短、车辆随来随走的临时性停车道。由于占用地面较多，用地不经济，车辆停放量也不多，混合车种停放也不整齐，所以这种停车方式一般应用较少。

根据停车场位置关系、出入口的设置和用地面积大小，一般的园林停车场可分为停车道式、转角式、浅盆式和袋式等几种。

（三）园林场地与园路的交接

园路与园林场地的交接，主要受场地设计形式的制约。规则场地中，园路与其交接有平行交接、正对交接和侧对交接等方式。对于圆形、椭圆形场地，园路在交接中要注意，应以中心线对着场地轴心（圆心）进行交接，而不要随意与圆弧相切交接。这就是说，在圆形场地的交接应当严格对称，因为圆形场地本身就是一种多轴对称的规则形。

园路与不规则的自然式场地相交接，接入方向和接入位置就没有多少限制了。只要不过多影响园路的通行、游览功能和场地的使用功能，则采取何种交接方式完全可依据设计而定。

第七章　园林水景设计

水是生命的源泉，是一切生命有机体赖以生存之本。中国传统园林历来崇尚自然山水，并受传统哲学思想影响，认为水是园林之血脉，是园林空间艺术创作的重要元素。水不仅构成多种格局的园林景观，更是让园林因水而充满生机和灵性。水池、湖泊、溪流、瀑布、跌水、喷泉等都是园林中常见的水景设计形式，它们静中有动，寂中有声，以少胜多渲染着园林气氛。园林水景工程是园林工程中与理水有关的工程的总称，下面主要对园林水景设计进行论述。

第一节　园林水景概述

一、水的基本特征

水是无色、无味的液体，本身无固定的形状，其形状由容器的形状决定。不同大小、形状、色彩和质地的容器，形成形态各异的水景。在园林中进行湖、水池、溪流等水景设计，实质上是对它们的底面（池底）和岸线（池壁）进行设计，如通过溪流底部高差的设计，便可产生不同流动效果的水流。因此说，水景设计本质上是对“盛水容器”进行设计。

（一）动态

水受到盛水容器形状的影响以及重力、风力、压力等外力作用形成各种动态，或静止，或缓流，或奔腾，或坠落，或喷涌。静态的水宁静安谧，能形象地倒映出周围环境的景色，给人以轻松、温和的享受；动态的水灵动而具有活力，令人兴奋和激动。动态水景是景观中的构图重心、视线的焦点，有着引人注目的效果。

（二）色彩

水是无色的透明液体，因其存在于特定的景观环境中，受容器、阳光、周围景物、照明等介质影响，呈现出环境赋予它的各种颜色。水受环境影响表现的色彩使水景与周围的环境能够得到很好的融合。

（三）声响

水流动、落下或撞击障碍物时都会发出声响，改变水的流量及流动方式，可以获得多种多样的音响效果，同时水声可直接影响人的情绪，能使人平静、温和，也可使人激动、兴奋。

（四）光影

在光线的作用下，水可以通过倒影映衬出周围的景物，并随着环境的变化而改变影像。当水面静止时，映衬的景物清晰鲜明；当水面被微风拂过，荡起涟漪时，原本清晰的影像即刻破碎化为斑驳色彩。如同抽象派绘画一样，现代水景与照明结合，使水的光影特征表现得淋漓尽致。

二、园林水景的基本表现

水景在园林景观中表现的形式多样。一般根据水的形态分类，园林水景有以下几种类型：

（一）静水

园林中以片状汇聚水面的水景形式，如湖、池等，其特点是宁静、祥和、明朗。园林中静水主要起到净化环境、划分空间、丰富环境色彩、营造环境气氛的作用。

（二）流水

被限制在特定渠道中的带状流动水系，如溪流、河流等，具有动态效果，并因流量、流速、水深的变化而产生丰富的景观效果，园林中流水通常有组织水系、景点，联系园林空间，聚焦视线的作用。

（三）落水

落水指水流从高处跌落而产生变化的水量形式，以高处落下的水幕、声响取胜。落水受跌落高差、落水口的形状影响而产生多种多样的跌落方式，如瀑布、壁落等。

（四）压力水

水受压力作用，以一定的方式、角度喷出后形成的水姿，如喷泉。压力水往往表现出较强的张力与气势，在现代园林中常布置于广场或与雕塑组合。

三、水景在园林中的作用

（一）景观作用

水是园林的灵魂，水景的运用使园林景观充满生机。由于水的千变万化，在组景中常用于借水之声、形、色以及利用水与其他景观要素的对比、衬托和协调，构建出不同的富有个性化的园林景观。在整体景观营造中，水景具有以下作用：

1. 基底作用

大面积的水面视野开阔、坦荡，能衬托出岸畔和水中景观。即使水面不大，但水面在整个空间中仍具有面的感觉时，水面仍可作为岸畔和水中景观的基面，产生岸畔和景观的倒影，扩大和丰富空间。

2. 系带作用

水面具有将不同的园林空间、景点连接起来产生整体感的作用，通过河流、小溪等使景点联系起来称为线形系带作用，而通过湖泊、池塘的岸边联系景点的作用则称之为面形系带作用。

3. 焦点作用

水景中喷泉、跌落的瀑布等动态形式的水的形态和声响能引起人们的注意，吸引人们的视线。此类水景通常安排在景观向心空间的焦点、轴线的交点、空间醒目处或视线容易集中的地方，以突出其焦点作用。

（二）生态作用

水是地球万物赖以生存的根本，水为各种动植物提供了栖息、生长、繁衍的条件，维持水体以及其周边环境的生态平衡，对城市区域生态环境的维持和改造起到了重要的作用。

（三）休闲娱乐作用

人类本能地喜爱水，接近、触摸水都会感到舒心愉快。在水上还能开展多项娱乐活动，如划船、游泳、垂钓等。因此，在现代景观中，水是人们消遣娱乐的一种载体，可以带给人们无穷的乐趣。

（四）蓄水、灌溉及防灾作用

园林水景中，大面积的水体可以在雨季起到蓄积雨水的作用。特别是在暴雨来临、山洪暴发时，要求及时排出或蓄积洪水，防止洪水泛滥成灾。到了缺水的季节再将所蓄之水有计划地分配使用，可以有效节约城市用水。

四、景观水设计的基本原则

（一）功能性原则

园林水景的基本功能是供人观赏，它必须是能够给人带来美感，使人赏心悦目的。水景也有戏水、娱乐的功能。随着水景在住宅领域的应用，人们已不仅满足观赏水景要求，更需要的是亲水、戏水的感受，因此，出现了各种戏水池、旱喷泉、涉水小溪、儿童戏水泳池等，从而使景观水体与戏水娱乐水体合二为一，丰富了景观的使用功能。

水景还有调节水气候的功能。小溪、人工湖、各种喷泉都有降尘净化空气、调节湿度的作用，尤其是能明显增加环境中的负氧离子浓度，使人感到心情舒畅，具有一定的保健作用。

（二）整体性原则

水景是工程技术与艺术设计结合的作品。一个好的水景作品，必须根据它所处的环境氛围要求进行设计，要研究环境的要求，从而确定水景的形式、形态、平面及立体尺度，实现与环境相协调，形成和谐的量、度关系，构成主景、辅景、近景、远景的丰富变化。

（三）艺术性原则

水景的创作应满足艺术性要求，不同形式的水景表达的园林意境有自然美和人工美。美国造园学家格兰特提出飘积理论，认为自然力具有飘积作用，流水作为一种自然力，也具有这种飘积作用，所以，河道弯曲、河岸蜿蜒而具有流畅的自然线势，这是自然美的极致。水景设计的艺术性就是要深入理解水的本质、水的艺术形式等。

（四）经济性原则

水景设计不仅要考虑功能性、艺术性要求，同时也要考虑水景运行的成本，不同的景观水体、不同的造型、不同的水势形成的水景，其运行的经济性是不同的。如循环水系统可节约用水；利用地势和自然水系不仅可节约水，还可节约动力能源。在当前节约型社会的发展背景下，水景设计的经济性是衡量水景设计的一个重要指标。

五、水景设计的要点

进行水景设计时，应注意以下几点：

（一）明确水景的功能要求

水景除了作为观赏之外，还有其他相应的功能作用，如提供活动场所，为植物生长提供条件，蓄水、防火、防旱等。设计时，必须根据景观特点和功能要求，确定相应的水面面积大小、水的深度，配置相应的水质、水量的控制设施，以确保水的安全使用与生物生长条件。

（二）合理安排水的去向与使用

地面排水应尽量采用向水景容水区排放的方法，水景的水尽可能循环使用，也可以根据地形地貌的特点，经济地组织水流的流向和再生使用。

（三）做好防水层、防潮层的设计处理

有些水景观，会发生有害的污水、漏水、透水现象，甚至危及邻近的建筑、设施。为此，必须充分估计这种危害性，在设计中必须采用相应的构造措施，以防止各种有害现象的发生。

（四）妥善处理管线

在水景设计中，往往因水的供给、排出和处理，出现各种管线。必须正确设置这些管线，合理安置位置，尽量采取隐蔽处理，以营造较好的景观形象。

（五）注意冬季的结冰现象

在寒冷的地区，设计时应考虑冬季中水结冰的问题，采取相应的措施。例如，大水面结冰后作为公共娱乐活动场所，应设置保护措施；为了防止水管被冻裂而将水放空，还应考虑池底的装饰铺地构造做法。

（六）可以采用水景照明的措施

使用灯光照明，尤其是动态水景的照明，可以在夜间获得很有特色的景观效果。

六、水景设计的步骤与工作内容

（一）明确规划规定与设计要求

通过园林规划设计文件、设计任务书、建造方的介绍，明确园林规划中对水景设计的原则规定，了解设计任务书的具体要求，了解园林建造方的意图。

（二）实地调查

通过对建造地的实地踏勘调查，了解地形的现状、水系山系的布局情况、地物的分布情况，必要时应该进行测绘工作。

（三）方案的设计

根据所了解到的实际情况和规划的规定、设计任务书的要求、建造方的意图，对照相应的设计规范与地方政策规定，进行艺术构思，进行方案设计。

根据水源的供给情况和水景的规划规定，选择水景的平面布局形式、水景的类型及相应的水面面积大小，确定水景在各个景点中的特色定位，然后确定相应的园路系统，配置有关的其他构景要素。

根据方案设计的构思，绘制相应的平面图、效果图等图样，编写设计说明与概算书，必要时应制作相应的模型。

设计方案应送交有关部门和人员审核评估。

对于大型的或主要的水景工程，还应进行技术设计，以深化和扩大方案初步设计的内容。

（四）施工图设计

经评价批准或经修改核准后的设计方案，才可以进行施工图设计。

施工图设计主要是绘制或编制施工用的设计图样和设计文件，所以必须正确、详细，必须让有关施工人员看得懂和做得出。

施工图样有平面布置图、剖面图、节点详图、套用的标准图。对于难以用图样表达的设计内容，可以借助模型来表示。

第二节　静水的设计

静水是指园林中成片汇集的水平面，它常以湖、塘、池等形式出现。静水具有安静祥和的特点，它能映出周围景物的倒影，而倒影又赋予静水以特殊的景观，给人以丰富的联想。在色彩上，静水可以映射周围环境的季相变化；在风吹动下，静水产生波纹或层层的浪花；在光线下，除产生倒影之外，还可形成逆光、反射等光形变化，都会使波光色彩缤纷，给庭园或其他景物带来无限的光韵和动感。

一、静水的造景应用原则

（一）规则式静水

规则式静水一般采用水池的形式，规则式水池一般设在台地之中，常用人工开凿。通常做主量处理，多应用于规则式庭园、城市广场及建筑物的外环境修饰中。水池的位置设置于建筑主立面前方，或广场与庭园的中心，作为主要视线中的一个重要景物。

水池的面积应与所处的环境相协调，其长与宽一般依物体大小及映射的大小决定。水深映射效果较好，同时可养殖观赏鱼类，以增加水的观赏趣味，并起到防止蚊虫的作用。浅水池底可设图案或特别材料式样来表现一定的视觉趣味。水池的水面或高于地面或低于地面，由景观需要而定。在有霜冻冰冻地区，池底面不应高于地面，应处于地面以下。

水池的水体应有正常的水源，以确保水池中有一定存水。水池应设相应的净化措施。底部应设排污管，壁上部设泄水管，则可清洗水池和限定水位。

池的四周可以人工铺装，也可以布置绿地植物，地面略向池的一侧倾斜，可获得较好的美观形象。

（二）自然式静水

自然式静水是一种模仿自然的造景手段，强调水际线的变化，有一种天然野趣的意味。按其面积的大小，习惯上称为湖、塘、池、潭等。

自然式静水以其不规则的形状，使景观空间产生一种轻松悠闲的感觉，适合自然式庭园或乡野风格的景区置景。自然式静水一般多为改造原有的自然水体，采用泥土、山石或植物收边。人造自然式静水，尤其是水池，应将水泥或堆砌痕迹遮隐，突出天然的趣味。在设计中应多模仿自然湖海，岸边的构筑、植物的配置、附属景物的运用，务必求得自然的韵味。

自然式静水的形状、大小、构筑材料的方法，因所处的地势、地质、水源及使用要求等不同而有很大的差别。如用作划船，则以每只游船所需 80 ～ 85 m^2 计算水面面积；用作滑冰，则以每人拥有 3 ～ 5 m^2 水面计算。

园林湖池的水深一般不为均一水平，底部常呈锅底状。距设有栏杆的岸边、桥边近 1600 ～ 2000 mm 的带状范围内，要设计安全水深，即水深不超过 700 mm。在湖的中部及其他部分，水深可控制在 1200 ～ 1600 mm。对于庭园中的观赏水池，水深设计为 700 mm 左右，可在其中栽植水生植物，或饲养观赏鱼，或水中置石设泉设瀑等。

自然式静水一般使用天然水源注水，并应做好防污水入侵和多余水量的排泄措施，以保证较好的水质和稳定的水位。

自然式静水做游泳或溜冰，或相应的休息、眺望、活动等场所与设施时，在设计中应一起考虑，以便同时建造和配置。

为避免静水平面的平坦过渡而显单调，可在水面的适当位置设置小岛，并在岛上植树设亭建榭，或在水边建榭造舫置小品，以丰富水面的观赏内容。

二、水池

（一）水池概述

水池在园林中的用途广泛，可用于广场中心、道路尽端，也可以和亭、廊、花架等建筑、小品组合形成富于变化的各种景观效果。常见的喷水池、观鱼池及水生植物种植池等都属于这种水体类型，水池平面形状和规模主要取决于园林总体规划以及详细规划中的观赏与功能要求。

（二）水池设计

水池设计包括平面设计、立面设计、剖面结构设计、管线设计等。

1. 水池的平面设计

水池平面设计显示水池在地面以上的平面位置和尺寸，水池平面设计必须标注各部分的高程，标注进水口、溢水口、泄水口、喷头、集水坑、种植池等的平面位置，以及所取剖面的位置。

2. 水池的立面设计

水池立面设计反映立面的高度和变化，水池的深度一般根据水池的景观要求和功能要求设计。水池的池壁顶面与周围的环境要有合适的高程关系，一般以最大限度地满足游人的亲水性要求为原则。池壁顶除了使用天然材料，表现自然形式外，还可用规整的形式，加工成平顶或挑伸、中间折拱或曲拱、向水池一面倾斜等多种形式。

3. 水池的剖面设计

水池剖面设计应从地基至壁顶，注明各层的材料和施工要求。剖面应有足够的代表性，如一个剖面不足以说明设计细节时，可增加剖面。

4. 水池的管线设计

水池中的基本管线包括给水管、补水管、泄水管、溢水管等，有时给水与补水管道使用同一根管子。给水管、补水管和泄水管为可控制的管道，可控制水的进出。溢水管为自由管道，不加闸阀等控制设备以保证自由溢水。对于循环用水的溪流、跌水、瀑布等还包括循环管道，对配有喷泉、水下灯光的水池还应该包括供电系统设计。

管线设计的具体要求如下：

（1）一般水景工程的管线可直接敷设在水池内或直接埋在土中。大型水景工程中，如果管线多而且复杂时，应将主要管线布在专用管沟内。

（2）水池设置溢水管，以维持一定的水位和进行表面排污，保持水面清洁。溢水口应设格栅或格网，以防止较大漂浮物堵塞管道。

（3）水池应设泄水口，便于清扫、检修和防止停用时水质腐败或结冰，池底都应有不小于 1% 的坡度，坡向泄水口或集水坑。水池一般采用重力泄水，也可利用水泵的吸水口兼作泄水。

（4）在水池中可以布置卵石、汀步、跳水石、跌水台阶、置石、雕塑等景观小品，共同组成景观。池底装饰可利用人工铺砌砂土、砾石或钢筋混凝土池底，再在其上选用池底装饰材料。

（三）水池施工技术

目前，园林中人工水池从结构上可以分为刚性结构水池、柔性结构水池两种。不同结构的水池，施工要求不同。

1. 刚性水池施工技术

刚性结构水池施工也称钢筋混凝土水池，池底和池壁均配钢筋，寿命长、防漏性好，适用于大部分水池。

（1）施工准备

①配料准备

水池基础与池底一般采用 C20 混凝土，池底与池壁多用 C15 混凝土，根据混凝土型号准备相应配料。另根据防水设计准备防水剂或防水卷材。配料准备时，注意池底池壁必须采用 425 号以上普通硅酸盐水泥，且水灰比不大于 0.55，粒料直径不得大 40mm，吸水率不大于 1.5%，混凝土抹灰和砌砖抹灰用 325 号水泥或 425 号水泥。

②场地放线

根据设计图纸定点放线。放线时水池的外轮廓应包括池壁厚度。为施工方便，池外沿各边加宽50 cm，用石灰或黄沙放出起挖线，每隔5～10 m（视水池大小）打一小木桩，并标记清楚。方形、长方形水池的直角处要校正，并最少打三个桩；圆形水池应先定出水池的中心点，再用线绳（足够长）以该点为圈心，水池宽的一半为半径（注意池壁厚度）画圆，用石灰标明，即可放出圆形轮廓。

（2）池基开挖

挖方有人工挖方和人工结合机械挖方，可以根据现场施工条件确定挖方方法。开挖时一定要考虑池底和池壁的厚度。如为下沉式水池，应做好池壁的保护。挖至设计标高后，池底应整平并夯实，再铺上一层碎石、碎砖作为垫层。如果池底设置有沉泥池，应结合池底开挖同时施工。

池基挖方会遇到排水问题，常用基坑排水，这是既经济又简易的排水方法，即沿池边挖成临时性排水沟，并每隔一定距离在池基外侧设置集水井，再通过人工或机械抽水排出。

（3）池底施工

混凝土池底，如其形状比较规整，则50 m内可不做伸缩缝；如其形状变化较大，则在其长度约20 m并断面狭窄处做伸缩缝。一般池底可根据景观需要，进行色彩上的变化，如贴蓝色的面层材料等，以增加美感。混凝土池底施工要点如下：

①依基层情况不同分别处理。如基土稍湿而松软时，可在其上铺以厚10 cm的碎石层，并夯实，然后浇灌混凝土垫层。

②混凝土垫层浇完隔1～2天（应视施工时的温度而定），在垫层面测量确定底板中心，然后根据设计尺寸进行放线，定出柱基以及底板的边线，画出钢筋布线，依线绑扎钢筋，接着安装柱基和底板外围的模板。

③在绑扎钢筋时，应详细检查钢筋的直径、间距、位置、搭接长度、上下层钢筋的间距、保护层及埋件的位置和数量是否符合设计要求，上下层钢筋均应用铁撑（铁马凳）加以固定，使之在浇捣过程中不发生变化。

④底板应一次连续浇完，不留施工缝。如发现混凝土在运输过程中产生初凝或离析现象，应在现场进行二次搅拌后方可入模浇捣。底板厚度在20 cm以内，可采用平板振动器，20 cm以上则采用插入式振动器。

⑤池壁为现浇混凝土时，底板与池壁连接处的施工缝可留在基础上20 cm处。施工缝可留成台阶形、凹格形、加金属止水片或遇水膨胀橡胶带。

（4）水池池壁施工技术

人造水池一般采用垂直形池壁。垂直形的优点是池水降落之后，不至于在池壁淤积泥土，从而使低等水生植物无从寄生，同时易于保持水面洁净。垂直形的池壁可用砖石或水泥砌筑，以瓷砖、罗马砖等饰面，甚至做成图案加以装饰。

①混凝土浇筑池壁施工技术。混凝土池壁，尤其是矩形钢筋混凝土池壁，应先做模板固定。模板固定有无撑支模及有撑支模两种施工方法，以有撑支模为常用方法。当池壁较厚时，内外模可在钢筋绑扎完毕后一次立好。操作人员可进入模内振捣混凝土，也可应用串筒将混凝土灌入，分层浇捣。池壁拆模后，应将外露的止水螺栓头割去。

②混凝土砖砌池壁施工技术。混凝土砖厚 10 cm，结实耐用，常用于池塘建造，混凝土砖砌筑池壁简化了池壁施工的程序，但混凝土砖一般只适用于古典风格或设计规则的池塘。池壁可以在池底浇筑完工后的第二天再砌。施工时，要趁池底混凝土未干时将边缘处拉毛。池底与池壁相交处的钢筋要向上弯伸入池壁，以加强结合部的强度。另外，砌混凝土砖时要特别注意保持均匀的砂浆厚度，也可采用大规格的空心砖。使用空心砖时，中心必须用混凝土填埋，有时也用双层空心砖墙，中间填混凝土的方法来增加池壁的强度。

（5）池壁抹灰施工技术

抹灰在混凝土及砖结构的水池施工中是一道十分重要的工序，它使池面平滑，不会伤及池壁，而且池面光滑也便于清洁工作。

①池壁抹灰施工要点。内壁抹灰前两天应将池壁面扫清，用水洗刷干净，并用铁皮将所有灰缝刮一下，要求凹进 1 ～ 1.5 cm。采用 325 号普通水泥配制水泥砂浆，配合比 1 ∶ 2。可掺适量防水粉，搅拌均匀，在抹第一层底层砂浆时，应用铁板用力将砂浆挤入砖缝内，增加砂浆与砖壁的黏结力。底层灰不宜太厚，一般在 5 ～ 10 mm。第二层将坡面找平，厚度 5 ～ 12 mm。第三层面层进行压光，厚度 2 ～ 3 mm。砖壁与钢筋混凝土底板结合处，应加强转角抹灰厚度，使呈圆角，防止渗漏，外壁抹灰可采用 1 ∶ 3 水泥砂浆。

②钢筋混凝土池壁抹灰要点。抹灰前将池内壁表面凿毛，不平处铲平，并用水冲洗干净，抹灰时可在混凝土表面上刷一遍薄的纯水泥浆，以增加黏结力，其他做法与砖壁抹灰相同。

（6）压顶

规则水池顶上应以砖、石块、石板、大理石或水泥顶制板等做压顶，压顶或与地面平，或高出地面。当压顶与地面平时，应注意勿使土壤流入池内，可将池周围地面稍向外倾。有时在适当的位置上，将顶石部分放宽，以便容纳盆钵或其他摆饰。

（7）试水

试水工作应在水池全部施工完成后进行，其目的是检验结构安全度，检查施工质量。试水时应先封闭管道孔，由池顶放水入池。一般分几次进水，根据具体情况，控制每次进水高度。从四周上下进行外观检查，做好记录，如无特殊情况，可继续灌水到储水设计标高，同时要做好沉降观察。

灌水到设计标高后，停 1 天，进行外观检查，并做好水面高度标记，连续观察 7 天，外表面无渗漏及水位无明显降落方为合格。

2. 柔性结构水池施工

随着新建筑材料的出现，水池的结构也可采用柔性材料。这类水池常采用玻璃布沥青席、三元乙丙橡胶（EPDM）薄膜、再生橡胶薄膜池、油毛毡作为防水材料，具有造型好、易施工、速度快、成本低等优点。

（1）玻璃布沥青席水池。施工前先准备好沥青席。方法是以沥青 0 号、3 号按 2 ∶ 1 比例调配好；再按沥青 30%、石灰石矿粉 70% 的配比，且分别加热至 100 ℃，将矿粉加入沥青锅拌匀；把准备好的玻璃纤维布（孔目 8 mm×8 mm 或者 10 mm×10 mm）放入锅内蘸匀后慢慢拉出，确保黏结在布上的沥青层厚度在于 2 ～ 3 mm；拉出后立即撒滑石粉，并用机械碾压密实，每块席长 40 m 左右。

施工时，先将水池土基夯实，铺 300 mm 厚灰土（3 ∶ 7）保护层，再将沥青席铺在灰土层上，搭接长 5 ～ 100 mm，同时用火焰喷灯焊牢，端部用大块石压紧，随即铺小碎石一层，再在表层散铺 150 ～ 200 mm 厚卵石一层即可。

（2）三元乙丙橡胶（EPDM）薄膜水池。EPDM 薄膜类似于丁基橡胶，是一种黑色柔性橡胶膜，厚度为 3 ～ 5 mm，能经受 -40 ～ 80 ℃的温度，使用寿命可达 50 年，自重轻，不漏水，施工方便，特别适用于大型展览临时布置水池和屋顶花园水池。建造 EPDM 薄膜水池，要注意衬垫薄膜与池底之间必须铺设一层保护垫层，材料可以是细沙（厚度＞ 5 cm）、合成纤维等。铺设时，先在池底混凝土基层上均匀地铺一层 5 cm 厚的沙子，并洒水使沙子湿润，就可铺 EPDM 衬垫薄膜，注意薄膜四周至少多出池边 15 cm。

三、人工湖的工程设计

人工湖是主要以人工的方式开挖、扩展或改建原有湖泊的水体。人工湖是创造较大水面，创造碧波万顷、烟波浩渺等壮丽景观的重要手段。

（一）人工湖的平面设计

1. 平面位置的确定

根据规划和设计任务书的要求，确定人工湖的平面位置，是人工湖设计的首要问题。中国许多著名的园林，均以水体为中心，四周环以假山和亭台楼阁，显得环境幽雅、主体风格突出，充分发挥了人工湖的作用。

人工湖的方位、大小、形状均与园林整体布局、目的、性质密切相关。在以水景为主题的园林中，人工湖的位置应居于全园的重心，水体面积相对较大，湖岸线变化丰富。

2. 人工湖水面性质的确定

人工湖水面的性质依湖面在整个园林中的性质、作用、地位而有所不同。以湖面为主景的园林，往往使大的水面居于园的中心，沿岸环以假山和园林建筑，大小水面以桥连接，或水面中建岛、置石，以便空间开阔、层次深远。

3. 人工湖的平面形状构图

当确定了人工湖的设置位置和水面性质后，就可以进行人工湖的平面功能分析和组景构思，之后才可以进行平面形状的构图设计。

人工湖的平面形状的构图设计，主要是进行湖岸线的设计，以指定湖的具体形状和湖面区域划分。人工湖的湖岸线可为规则的几何线，或为自然曲线，或两者共用。主要以满足功能要求和景观布局需求为目标。

在构图设计中，必须密切结合地形的变化进行设计，力争因地制宜，还可以极大地降低工程造价。

（二）人工湖基地对土壤的要求

人工湖的平面设计完成后，就要对拟挖湖所及的区域进行探测，为以后的技术设计或施工图设计做准备。对土壤的探测一般采用钻探的方法，钻孔之间的最大距离不得超过 100 m。通过钻孔探查可获得地质土层构成情况和地下水的标高数据。

对于地下水位过低、水资源缺乏的区域，必须认真考虑地质土层的组成情况。对于各种土壤有以下相应的处理方式：

1. 黏土、砂质黏土，因其土质细密、土层深厚、渗透系数小于 0.006 ～ 0.009 m/s，为最适合挖湖的土质类型。

2. 以砾石为主，黏土夹层结构密实的地段，也适宜挖湖。

3. 沙土、卵石等容易渗水，应尽量避免在其中挖湖。如漏水不严重，应探明湖的设计位置底部的透水层深浅情况，采取相应的截水墙或用人工铺垫隔水层等工程措施。

4. 基地为淤泥或草煤层等软松层时，必须将其全部挖除，并做好周边的挡土保护坡。

5. 湖岸基地的土壤必须坚实，并且单纯的黏土不能作为湖的驳岸。

（三）人工湖底防渗漏的构造措施

在水资源十分缺乏的地区，在相关部门的允许之下，可以对渗水严重的湖底做如下的构造处理：

1. 灰土层湖底。当湖的基土防水性能较好时，可在湖底做二灰土，并间距 20 m 设一道伸缩变形缝。

2. 聚乙烯薄膜防水层湖底。当湖底渗漏程度中等时，可采用此法。这种方法不但造价低，而且防渗效果好，但铺膜前必须做好底层处理。

3. 混凝土湖底。当湖底面积不大、防渗漏要求又很高时，可采用混凝土的结构形式。当然，此法成本较高。

四、梅与静态水体的艺术营构

静态水体能倒映出水边的植物、山石建筑、游人及蓝天白云等，形成极其生动的亦真亦假、意境悠远的动人画面。水面宁静而温柔，使人的情绪安宁、轻松与平和。在净水岸边植梅，水面形成的开敞空间，使无论采用孤植还是群植手法，都可营造出简远、疏朗、雅致的园林意境，更有“池水倒窥疏影动”的韵味。梅影照水，别具雅致意韵，有效缓解了人的急躁烦恼情绪。梅花开时，在清亮明净的水的映照下，梅花更加俏丽突出，纤秀柔媚的梅花，妥帖地融入温情一般的水中。此时，梅的格调，水的清静，两两相对，一傲一清，无疑更为动人。花溪映照之景象，虚虚实实、若静若动，给人以花水相映的清雅明丽，无论远看近看，皆富有诗情画意。如果行列式种植，滨水空间就如同单侧廊一般，行走其间的游人视线所及必为梅覆下的水面。缥缈灵动的梅花为顶界线，清静的水面为底界面，断续的梅枝为垂直面，其通透、空灵、变幻，使得画意盎然。故梅与静水的结合，表达着一种恬静的意境，突出了高洁疏瘦的梅花与清清静水之间一致的审美意向——傲峭、幽静、淡泊、优雅。梅花弄影，水体增色，带给游人以宁静舒心的审美感受。

第三节　动水的设计

动水是相对静水而言的，一般指溪流、泉水、瀑布、喷泉之类的水景景观。动水水景景观的存在，必须有充足的水源保证，才能形成动态的有声有色的景观效果。

一、溪流

溪流是园林水景中一种重要的表现形式，它不仅能使园林有活跃的美感，而且能加深各景物间的层次，使景物丰富而多变。

溪流的平面形状有弯曲多姿、宽窄多变的特点，形成多种的流水形态。设计时，可以结合具体的地形变化，与建筑结合，与植物种植结合，与山石配置结合，甚至通过流水的冲击形成特殊的音响，从而使游人产生悬念，能达到较好的景观效果。

溪流的纵向坡度、横向断面大小，是决定水流速度的主要因素，即坡度大、断面小，则水的流速快；反之，水的流速慢。水流速度大则对溪岸的冲刷大。土质黏重而不崩溃可直接做河岸，并宜在岸边栽植细草；若是石质沟槽，可直接做溪岸。

溪流上游坡度宜大，下游宜小。在坡度大的地方放置大石块，坡度小的地方放置砂砾。决定坡度的大小因素一般为给水量的多少，给水量少则坡度大，给水量多则坡度可小些。坡地的坡度一般依地形而成自然形态，平地的坡度不宜小于 0.5%，并且水流的深度宜为 160 ～ 360 mm。溪流中水流的宽度，则依水流的总长和相应的景物比例恰当而定。

二、泉水

天然的泉是指水在重力与压力作用之下从山体缝隙中渗透而聚积成的水。这种泉，在园林中称为山泉。对于山泉，只要因势利导地稍加调整，就能事半功倍，取得极好的天然景观效果。

如果泉水从池中、溪底往上冲出，涌向水面则被称为涌泉。留置适当的水面面积和设置适当的平面形状，让涌泉展示在人们观赏视线的焦点之中，这也是设置天然水景的一种方式。

采用人工的方式，取人工水源，可以组筑壁泉、石泉、雕塑泉、竹筒泉等水景。人工泉的水体出水处必须认真处理，以隐蔽埋设为宜，最忌将出水管道直接暴露在外。宜用相应的景观材料遮掩处理。

三、跌水

跌水是指水流从高向低呈台阶状分级跌落的动态水景。

跌水原是一种自然界的落水现象，可以作为防止水冲刷下游的重要工程设施，也可以作为连续落水组景的方法。所以，跌水应选址于坡面较陡、易被冲刷或有景点需要设置的地方。

跌水的形式多种多样，就其落水的形态来分，一般将跌水分为单级式跌水、二级式跌水、三级式跌水、多级式跌水、悬臂式跌水、陡坡跌水等。

设计跌水景观时，首先，要分析设景地的地形条件，重点为地势高低变化、水源水量情况及周围的景观空间等，据此选择跌水的位置。其次，确定跌水的形式，水量大、落差大，常做单级跌水；水量小、地形具有台阶状落差，可选用多级跌水。自然式的跌水布局，应结合泉、水池等其他水景综合考虑，并注重利用山石、树木、藤本隐蔽供水或排管道，增加自然气息，丰富立面层次。

四、喷泉工程

（一）喷泉工程概述

喷泉是利用压力使水从喷头中喷向空中，再自由落下的一种动态水景工程，具有壮观的水姿、奔放的水流、多变的水形。喷泉作为动态水景，丰富了城市景观。喷泉对其一定范围内的环境质量还有改良作用，它能够增加局部环境中的空气湿度，并增加空气中负氧离子的浓度，减少空气尘埃，有益于人们的身心健康。随着技术的进步，出现了以下多种造型喷泉形式：

1. 程控喷泉

将各种水型、灯光，按照预先设定的排列组合进行控制程序的设计，通过程序控制器发出控制信号，使水形、灯光实现多姿多彩的变化。程控喷泉的主要组成包括喷头、管网、动力设备、程序控制器、电磁阀等。

2. 音乐喷泉

是在程序控制喷泉的基础上加入音乐控制系统，计算机通过对音频及 MIDI 信号的识别，进行译码和编码，最终将信号输出到控制系统，使喷泉及灯光的变化与音乐保持同步，从而达到喷泉水形、灯光及色彩的变化与音乐情绪的完美结合，使喷泉表演更生动，更加富有内涵。

3. 旱泉

喷泉系统置于地下，表面饰以光滑美丽的铺装，铺设成各种图案和造型。水花从地下喷涌而出，在彩灯照射下，地面犹如五颜六色的镜面，将空中飞舞的水花映衬得无比娇艳，使人流连忘返。停喷后，不阻碍交通，可照常行人，适于宾馆、饭店、商场、大厦、街景小区等。旱泉也称旱喷，需要注意的是，设计喷泉水压时应充分考虑游人的安全。

4. 跑泉

跑泉是由计算机控制数百个喷水点，随音乐的旋律高速喷射，或瞬间形成排山倒海之势，或形成委婉起伏波浪式，或组成其他水景，衬托景点的壮观与活力，适于江、河、湖、海及广场等宽阔的地点。

5. 室内喷泉

布置于室内的小型水池喷泉，多采用程控或实时声控方式运行。娱乐场所可采用实时声控，伴随着优美的旋律，水景与舞蹈、歌声同步变化，相互衬托，使现场的水、声、光、色达到完美的结合，极具表现力。

6. 层流喷泉

又称波光喷泉，采用特殊层流喷头，将水柱从一端连续喷向固定的另一端，中途水流不会扩散，不会溅落。白天，层流喷泉就像透明的玻璃拱柱悬挂在天空；夜晚，在灯光照射下，犹如雨后的彩虹，色彩斑斓，适用于各种场合与其他喷泉相组合。

7. 趣味喷泉

以娱乐、增加趣味性为目的的喷泉，如子弹喷泉、鼠跳泉、喊泉，适于公园、旅游景点等，具有极强的娱乐功能。

8. 激光喷泉

配合大型音乐喷泉设置一排水幕，用激光成像系统在水幕上打出色彩斑斓的图形、文字或广告，既渲染美化了空间，又起到宣传、广告的效果，适用于各种公共场合，具有极佳的营业性能。

9. 水幕电影

水幕电影是通过高压水泵和特制水幕发生器，将水自上而下高速喷出，雾化后形成扇形“银幕”，由专用放映机将特制的录影带投射在“银幕”上，形成水幕电影。当观众在观摩电影时，扇形水幕与自然夜空融为一体。当人物出入画面时，好似人物腾起飞向天空或自天而降，产生一种虚无缥缈和梦幻的感觉，令人神往。

（二）喷泉布置要点

首先，选择喷泉位置要考虑喷泉的主题、形式，要与环境相协调。在一般情况下，喷泉的位置多设于建筑、广场的轴线焦点或端点处。其次，喷泉宜安置在避风的环境中以保持水形。

喷水池的形式有自然式和规则式，可以居于水池中心，组成图案，也可以偏于一侧或自由地布置，并根据喷泉所在地的空间尺度来确定喷水的形式、规模及喷水池的大小比例。

（三）常用的喷头种类

喷头是喷泉的主要组成部分，它的作用是把具有一定压力的水变成各种预想的、绚丽的水花喷射出来。因此，喷头的形式、质量和外观等，都对整个喷泉的艺术效果产生重要的影响。

喷头因受水流的摩擦一般多用耐磨性好、不易锈蚀、又具有一定强度的黄铜或青铜制成。为了节省铜材，近年来亦使用铸造尼龙制造喷头，这种喷头其有耐磨、自润滑性好、加工容易、轻便、成本低等优点；缺点是易老化、使用寿命短、零件尺寸不易严格控制等。目前，国内外经常使用的喷头有以下类型：

1. 单射流喷头

单射流喷头是压力水喷出的最基本的形式，也是喷泉中应用最广的一种喷头，它不仅可以单独使用，也可以组合使用，能形成多种样式的喷水形。

2. 喷雾喷头

喷雾喷头是喷头内部装有一个螺旋状导流板，使水流做圆周运动，水喷出后，形成细细的弥漫的雾状水流。

3. 环形喷头

环形喷头是喷头的出水口为环形断面，即外实内空，使水形成集中而不分散的环形水柱，它以雄伟、粗犷的气势跃出水面，给人们奋发向上的感觉。

4. 旋转喷头

旋转喷头是利用压力水由喷嘴喷出时的反作用力或其他动力带动回转器转动，使喷嘴不断地旋转运动，从而丰富了喷水造型，喷出的水花或欢快旋转或飘逸荡漾，形成各种扭曲线形，婀娜多姿。

5. 扇形喷头

扇形喷头是喷头的外形很像扁扁的鸭嘴，它能喷出扇形的水膜，或像孔雀开屏一样美丽的水花。

五、梅与动态溪流的艺术营构

潺潺小溪，淙淙作响，穿绕石间，忽聚忽散，形成水体多变、水声悦耳的美妙境界。在溪流两边的阳坡地运用散植手法植梅，避免了溪水的单一暴露，同时起到分割空间、联系景物的作用。尤其是在溪涧曲水转弯处自然山石的岸边，零零散散种植几株树干苍老横斜的老梅，梅与溪水的一枯一润、一静一动形成强烈对比，枝干挺拔、疏影横斜的几枝梅在清澈溪水的衬托下显得越发精神，姿态更加飘逸别致。若是梅花开时，依稀数株，疏朗简洁，下有浅溪一泓，别有一种高士浪沧、佳人浣花之美。宋代诗人杨万里的一首咏梅诗作："一路谁栽十里梅，下临溪水恰齐开。此行便是无官事，只为梅花也合来。"写出了溪边壮观的梅花景象。沿着梅溪赏梅，小径曲折，忽隐忽现，水面缓急不定，观景听景，步移景异，花香幽暗，使人在观赏梅自身的形态美之外，更能通过梅的疏影横斜、老干虬枝的形姿，以及"凌寒独自开"时的暗香浮动，体会出梅的神韵美，与溪流的结合更创造了幽寂空灵的园林意境。所谓临水之梅，复化身于清流，"只有横斜清浅口，澹然标格映须眉"，可谓风光这里独好。

第八章　不同类型的园林景观设计

前面对园林设计的方法和理论进行了阐述，本章在基于此方法的基础上对不同类型的园林景观设计的具体应用进行了分析，让理论结合实际，对本书进行了总结概括。

第一节　街道景观设计

街道是人们了解城市的重要通道，是构成城市形象的重要因素之一。街道景观是城市空间中最有生气、最具活力的空间形态，集中反映着街道的功能。街道景观设计就是通过合理安排街道景观中的各种因素，创造出美观、实用、简洁的街道景观，充分发挥街道景观的功能与作用。

一、街道的类型

（一）车行道

车行道是指供各种车辆行驶的道路类型。进行车行道上的景观设计时，应充分考虑驾驶者在车辆行驶状态下对景观审美的动态需要，沿途景观设计应富于变化。同时，要考虑车辆行驶的安全需要，行道树设计应简洁明了，不影响驾驶者的视线。

（二）步行街道

步行街道是指以步行交通为主的道路类型。步行街道集中反映了城市文化的总体特征，是城市空间环境的重要组成部分。城市中的步行街道有很多种，其中商业步行街是最重要的一种。商业步行街是集购物、娱乐、休闲、观光于一体的场所。商业步行街的景观设计一般通过运用各种景观要素，如植物、铺装、雕塑、座椅等营造舒适宜人的购物环境和繁荣的商业氛围。还有一些城市的商业步行街会与本地的旅游资源相结合，突出展示城市的历史文化、民俗风情等，如北京王府井大街、巴黎香榭丽舍大街等。

（三）人车混流型街道

人车混流型街道是指步行者和车辆共同使用的交通空间。进行此类道路景观设计时，应以创造舒适安全、秩序良好的道路景观环境为目标，以满足车行和人行交通两方面的需求。

二、街道景观设计的原则

（一）安全性原则

安全性原则是街道景观设计的首要原则。进行街道景观设计时应充分考虑交通安全的需要，不仅要营造良好的景观环境，而且要满足交通安全需求，避免影响街道的正常功能。例如，在车行道景观设计中，如果要在道路交叉口与弯道内侧种植树木，须在规定范围内种植，并且要保证其不会阻挡驾驶员的视线，以保证行车安全。

（二）人性化原则

人性化原则是街道景观设计的重要原则，主要是指人的行为及心理需求在街道中的实现程度。进行街道景观设计时应充分考虑人的基本行为需求，如出行、安全防护、公共信息等；还应考虑人的审美需求，从街道景观的总体风格、色彩搭配、艺术装饰等方面整体考虑。此外，还要尊重和理解市民对街道景观的心理需求，现代城市的生活节奏越来越快，街道中的车流、人流川流不息，城市生活的压迫感越发明显。因此，在进行街道景观设计时，应尽可能营造出一个适度放松、自由舒服、和谐融洽的环境氛围。

（三）整体性原则

城市街道是一个有机整体，进行街道景观设计时应统筹考虑生态、社会、经济的关系，协调道路沿线各功能地块的总体景观建设。街道景观设计的整体性原则可以从两方面来理解：一是从城市整体出发，要体现城市的形象和个性：二是从街道本身出发，要将一条街道作为一个整体考虑，统一考虑街道两侧的建筑物、绿化、设施、色彩、历史文化等，避免其成为片段的堆砌和拼凑。

（四）可持续发展原则

规范资源开发行为，减少对生态环境的破坏，实现景观资源的可持续利用，是城市景观设计的一项重要原则。街道景观设计的可持续发展原则追求的是人与自然、当代人与后代人之间的一种协调关系。街道景观设计必须以保护自然和环境为基础，使经济发展和资源保护的关系始终处于平衡状态。自然景观资源和传统景观资源都是不可再生资源，在景观设计中，要对自然景观资源和传统景观资源加以合理保护与利用，以自然景观资源、传统景观资源为设计基础，创造出既有自然特征，又有历史延续性，同时具有现代性的街道景观。

（五）连续性原则

街道景观设计的连续性原则主要表现在以下两方面：一是视觉空间上的连续性。街道景观的视觉连续性可以通过道路两侧的绿化、建筑布局及风格、道路环境设施等的延续设计来实现。二是时空上的连续性。城市街道记载着城市的演进，反映出某一特定城市地域的自然演进、文化演进和人类群体的进化。街道景观设计就是要将街道空间中各景观要素置于一个特定的时空连续体中加以组合和表达，充分反映这种演进和进化。

三、街道景观设计的要点

城市街道景观设计以城市设计理念为指导，从城市总体出发对街道空间构成要素进行统筹安排。城市街道景观设计在满足其交通功能的同时，还要考虑空间美学的视觉效果。

（一）安全第一

安全性原则是街道景观设计的首要原则，因此，无论在何种条件下，车辆、行人都能安全地使用街道便是街道景观设计第一考虑因素：车行道上的车辆速度较快，应当考虑感知方式上的变化，设计时要以直线或大半径的曲线为主；注意导向的整体效果，强调明确醒目；道路隔离带要多种植茂密的植物，以减少对驾驶员视觉的干扰，同时减少噪声。步行街在设计时要注重整体性和细节的设计，满足人们在步行街游憩、休闲、购物等多样化的活动要求，但要以安全为第一要素。

（二）有序高效的标识系统

城市标识是城市信息的载体，设置标识的目的是把错综复杂的信息准确迅速地传达给目标人群。城市街道是标识系统的体现场所，为了满足行人的需求，标识设计应朝人性化、智能化、规范化、系统化、专业化等方向发展，为行人提供有序高效的城市标识系统。

街道标识种类繁多，形式各异，有交通标识、地名标识、引导标识、规章制度的说明等。标识设置的形式、具体位置、高度、文字大小、颜色等都需要经过仔细考虑，以便行人能够准确地获取所需信息。例如，交通标识应简单明了，须考虑其和主要交通路口的距离及出现的频率，以保证人们能及时发现并找到自己的方向，及时调整路线。此外，标识设计还应结合该街道的特色，使其与街道环境取得协调。

（三）景观创新与历史保护并重

街道景观作为城市文化的一种载体，进行设计时必须首先着眼于当地的文化传承，寻求现代与传统的巧妙结合，使城市的街道景观具有自己的地域特色。城市景观环境中那些具有历史意义的场所往往会给人们留下较深刻的印象，也为城市特色景观的建立奠定了基础。城市道路景观设计既要尊重历史，同时也要向前发展。进行街道景观设计时，要探寻传统文化中适应时代要求的内容、形式与风格，在此基础上创造新的形象。

第二节 城市广场景观设计

城市广场是城市中最具公共性、最富艺术感染力，也最能反映现代都市文明魅力的开放空间。城市广场作为城市中重要的建筑、空间和枢纽，起着当地市民的“起居室”，外来旅游者“客厅”的作用。城市广场景观设计对塑造城市形象起着至关重要的作用。

一、城市广场的分类及功能

城市广场是为满足多种城市社会生活需要而建设的，以建筑、道路、山水、地形等围合，由多种软、硬质景观构成，以步行交通为主，具有一定主题思想和规模的户外公共活动空间。

（一）市政广场

市政广场通常位于城市中心地带，是各类集会、庆典、游行、检阅、礼仪、传统民间节日活动的举办场地，具有浓厚的政治、文化色彩，如北京天安门广场、莫斯科红场等。市政广场人流量大、聚集时间较长，一般面积较大，设计时以硬质铺装为主，以保证视野开阔和行动畅通无阻，不宜过多布置娱乐性建筑及设施，这样便于大量人群活动。在周边可以设置公共设施及绿化景观等，为市民和游客提供娱乐休闲活动场地。

（二）交通广场

交通广场作为城市交通系统的有机组成部分，是交通的连接枢纽，具有交通、集散、联系、过渡及停车等作用，并有合理的交通组织。交通广场通常分为以下两类：

1. 环岛交通广场

一般位于城市道路交会处，通常呈环形岛屿状布置，以绿化、大型雕塑、构筑物为标志性景观。

2. 站前广场

位于城市交通内外会合处，如车站、机场、码头等处的广场。规划时，应注意人车进出站时的分流，避免出现交叉和干扰，以保证安全。各条线路要分区明确、标识清晰。

（三）商业广场

商业广场一般设置在商业中心区，是用于集市贸易和购物的广场，一般是把室内商场和露天、半露天市场结合在一起。商业广场景观设计一般采用步行街的布置方式，使商业活动区比较集中，这样既能满足人们购物、休闲、娱乐的需求，又可避免人流、车流的交叉。同时，广场中还可布置一些建筑小品及休闲娱乐设施供人们使用。

（四）宗教广场

宗教广场主要用于宗教活动，其四周一般与宗教建筑和宗教纪念物等相连，方便宗教人士聚会及举办宗教仪式等，有浓厚的宗教氛围，如罗马圣彼得广场。

（五）纪念性广场

纪念性广场是为纪念某个人物或某个重要事件而设计的广场，如南京中山陵广场。因此，纪念性广场一般会在广场中心或侧面设计纪念雕塑、纪念碑、纪念物等作为标志物。为了满足纪念气氛及象征的要求，标志物一般位于设计构图中心。为了突出纪念主题的严肃性和文化内涵，纪念性广场应该尽量设置在宁静的环境中，广场上的建筑物、雕塑、绿化、铺装等应风格统一、互相呼应，以加强整体的艺术表现力。

（六）休闲娱乐广场

休闲娱乐广场是城市中供人们休憩、交流、游玩、演出及举行各种娱乐活动的广场。休闲娱乐广场景观设计比较灵活，布局自由、形式多样。由于是市民进行休闲娱乐活动的场所，因此，广场应具有轻松欢乐的气氛，设计时以舒适方便为目的，并围绕一定的主题进行构思。广场中应布置台阶、坐凳等供人们休息，设置花坛、雕塑、喷泉、水池及建筑小品等供人们观赏。

二、城市广场景观设计的原则

（一）以人为本原则

一个聚居地是否适宜，主要是指公共空间和当时的城市肌理是否与其居民的行为习惯相符。城市广场作为城市居民的公共活动空间，其设计应充分体现对人的关怀。广场的规划设计应以人为主体，体现人性化，通过巧妙的绿化设置、设施配置及交通组织，实现广场的可达性和可留性，强化广场作为公众中心的场所精神。例如，广场上要有足够的铺装硬地供人们活动，还须有坐凳、饮水器、公厕、电话亭、小售货亭等服务设施，广场上景观要素的设计均应以人为中心，时时体现为人服务的宗旨，处处符合人体的尺度。

（二）效益兼顾原则

城市广场的功能具有综合性和多样性，现代城市广场综合利用城市空间和综合解决环境问题的意义日益显现，因此，城市广场规划设计不仅要有创新的理念和方法，而且还应体现出经济建设与社会、环境协调发展的思想。

城市广场规划建设是一项系统工程，涉及建筑空间形态、立体环境设施、园林绿化布局等方方面面。在进行城市广场规划设计时，应时刻牢记经济效益、社会效益和环境效益并重的原则，当前利益和长远利益、局部利益和整体利益兼顾的原则，切不能有所偏废。例如，如果某火车站广场规划建设时只考虑经济效益，而忽略社会效益与环境效益，就可能会造成交通拥挤、环境污染等问题，会使市民怨声载道，游客望而却步，极大地损害城市形象。

（三）文化内涵原则

城市广场建设应继承城市本身的历史文脉，适应地方风情及民俗文化，突出地方建筑艺术特色，增强广场的凝聚力和吸引力，避免千城一面、似曾相识之感。此外，城市广场还应突出地方的自然特色，即适应当地的地形地貌和气温气候等，如北方广场强调日照，南方广场则强调遮阳。例如，济南泉城广场代表的是齐鲁文化，体现的是“山、泉、湖、河”的泉城特色；西安的钟鼓楼广场则注重把握历史的文脉，整个广场以连接钟楼、鼓楼，衬托钟鼓楼为基本使命，把广场与钟楼、鼓楼有机结合起来，具有鲜明的地方特色。

（四）生态环保原则

广场作为城市中的节点空间，应成为城市绿色生态系统中的一个环节，因此，广场设计应遵循生态规律，减少对自然生态系统的破坏。传统的广场设计倾向于大面积的硬质铺装，少有绿化，而现代广场设计在满足广场基本功能的条件下，会考虑到绿化和其他人性化的景观元素设计。

三、城市广场景观设计的要点

广场一般具有较为开阔的视野和较完备的公共设施，是人们驻足欣赏城市建筑景观或公众进行休闲娱乐的最佳场所，所以常常成为社会公众的生活中心。良好的广场景观可以使人们对城市产生认同感、亲切感、自豪感和凝聚力。进行广场景观设计时应注意以下要点：

（一）城市广场的定位

城市广场的定位一般包括功能性与观念性两个方面。城市广场的定位不同，其文化内涵与风格倾向也就不同。只有确定城市广场的定位，才能在景观设计中融入与此相关的设计要素，以多样化的风格、面貌吸引人们的关注与参与。例如，市政广场一般定位为纪念性及庆典性广场，整体氛围及雕塑小品趋向庄严、稳重、典雅、雄伟等；商业广场，一般定位为娱乐性、多功能性的广场，应给人以轻松、休闲之感；文化科技教育及文化游览等性质的广场，其设计多倾向于高雅、深沉、富有文化哲理、富有个性化特征；区域的休闲广场，其定位多为方便、实用、安逸、舒适，景观小品则倾向亲和、有趣味性，或与社区文化产生某些关联而使之融入社区的日常生活环境中。

（二）城市广场的形态

城市广场是开放的公共空间，具有集会、交通集散、商业服务及文化宣传等功能。现代城市广场有平面型和立体型之分：平面型广场是常见的形式，指步行、车行、建筑出入口、广场铺地等都处于一个水平面上，或略有上升、下沉；立体型广场是指通过垂直交通系统将不同水平层面的活动场所串联为整体的空间形式。上升、下沉和地面层相互穿插组合，构成一种既有仰视，又有俯视的垂直景观，它与水平型广场相比，更具层次性，但其水平视野和活动范围相对缩小。在广场景观设计中，对于广场空间的形态要尽量寻求变化，以满足人们视觉上对各种变化的需要。

（三）城市广场的区域划分

城市广场的区域划分应融合自然要素，提供不同性质的活动空间，以适合不同年龄层、不同文化层次市民的社交与沟通需要，在广场景观设计中，可以不同活动内容进行区域划分，如拍照、戏耍、玩水、闲谈、观景、打电话、小吃、选购等。区域的划分尽量化大为小，集零为整，以提供多样化的活动空间。界面的变化及领域的划分，尽量采用台阶、坡面等连接，使上下层的活动尽收眼底，并与城市产生有机联系，给人以视觉上的愉悦。

（四）城市广场景观设计的内容要求

1. 广场的视觉形象

广场要有鲜明的视觉形象及人文内涵的营造，如广场的小品、绿化、照明、服务设施等，都要反映特定的主题性的广场文化氛围。

2. 广场的地面铺设

既要有足够的铺装硬地以满足人们的活动要求，又要保证有不少于广场面积25%的绿化景观，为人们提供庇护的同时可以丰富广场的层次和色彩。

3. 广场的公共设施

广场应设置坐凳、饮水器、公厕、电话亭、售货亭等便民服务设施，还要设置一些雕塑小品、喷泉等景观，提高广场的亲和性与艺术感染力。

4. 广场的空间表现语言

通过一定的艺术设计手法，使广场展示出城市与区域文化的关联性，以吸引公众的参与，唤起公众的情感。

5. 广场的交通疏导

要以城市规划为依据，处理好与周边的交通关系，保证行人活动的安全。除交通广场外，其他广场一般限制机动车辆通行。

6. 广场的生态环境

广场景观设计要结合规划地的实际情况，遵循生态规律，减少对自然生态系统的干扰，或通过规划手段恢复、改善生态环境。

第三节 城市公园景观设计

城市公园是指可供公众游览、观赏、休憩、开展科学文化活动及锻炼身体等，同时具有较完善的设施和良好绿化环境的公共绿地。公园是城市开放空间的重要组成部分，也是城市设计的重要内容。一个功能齐全而独具特色的公园可以反映一个城市的文明进步水平和对人的需求的满足程度，很多情况下人们甚至会将公园数量的多少作为衡量一个城市生态建设和精神文明建设水平的重要指标。

一、城市公园的分类

作为城市开放空间的一部分，不同规模和类型的城市公园在内容、功能等方面也有不同，具体而言，城市公园主要可以分为以下几种类型：

（一）综合公园

综合公园是指城市中集休息、游览、文化娱乐等功能于一体的公共绿地，它可以满足人们休闲、娱乐、教育、体育运动等多种活动需求。综合公园的面积一般比较大，且自然条件良好、风景优美，园内有丰富的植物种类；同时，公园的设施设备齐全，能适应城市中不同人群的需求。

（二）社区公园

社区公园是指为一定居住用地范围内的居民服务的公共绿地，是居民进行日常娱乐、散步、运动、交往的公共场所，通常包括居住区公园和小区游园两类。社区公园同居民生活关系密切，设计时要求具有适于居民日常休闲活动的内容和相应的设施。此外，社区公园还应能在灾害来临时为居民提供避难地，因此，园中还须设置有消防栓等防灾设施。

（三）专类公园

专类公园是指有特定内容或形式的公园，通常以某种功能为主导。例如，以植物的科学研究、科普、展示为主的植物园；以动物研究、饲养、展览为主的动物园；以游乐为主的游乐园；以异国文化为主题的主题公园；等等。还有服务于某一特定群体的公园，如儿童公园、疗养院等。

（四）带状公园

带状公园是指城市中达到一定宽度（8 m以上）的带状公共绿地，通常设置在城市道路的两侧，或滨河、湖、海两侧。带状公园主要用于城市居民的休息、游览，其中，可设小型服务设施，如茶室、休息亭廊、座椅、雕塑等；植物配置以遮阴大树、开花灌木、草坪花卉为主。

（五）街旁绿地

街旁绿地是指位于城市道路用地之外，相对独立或成片的绿地，包括小型沿街绿化用地、街道广场绿地等。

二、城市公园景观设计的原则

（一）地方性原则

城市公园景观设计应尊重传统文化和乡土知识，应以场所的自然过程为依据，这些自然过程包括场所中的阳光、地形、水、风、土壤、植被及能量等，将这些因素结合到设计中，从而维护场所的健康运行。设计中所用到的植物和建材应就地取材，以体现地方特色，同时也是设计生态化的一个重要方面。

（二）整体性原则

城市公园是一个协调统一的有机整体，应当注重保持其发展的整体性，景观规划要从城市的整体出发，以城市的空间目标与生态目标为依据，考虑公园建设的位置、性质和规模，采用适宜的景观规划方式，从宏观上真正发挥城市公园景观改善居民生活环境、塑造城市形象、优化城市空间的作用。

（三）以人为本原则

人是景观的主体，任何空间环境设计都应以人的需求为主，体现出对人的关怀，城市公园景观设计也不例外。城市公园景观设计要适应社会变化的需求，从人体工学、行为学及人的需求出发，根据当代人的行为心理特征，研究人们的日常活动并以此作为设计依据，认真分析本地区城市居民的年龄结构，合理设置健身场所和运动器械，尤其要充分考虑老年人和儿童的活动需要，努力创造充满生活气息和人情味的景观环境，充分体现人性化的关怀。

（四）异质性原则

景观的异质性带来景观的复杂性与多样性，在进行城市公园景观设计时，应以多元化、多样性为原则，从而使公园景观生机勃勃、充满活力，但要注意景观整体的和谐统一。

三、城市公园景观设计的要点

（一）充分翔实的前期准备

全面收集公园项目的相关资料，包括城市总体规划标准，项目所在地的周边环境情况，气候、水文、地质等数据资料，与项目直接相关的图纸、文字资料，实地勘察之后所获取的图、文、视频资料，同类型公园项目调研资料等，然后有重点地整理、总结、分析、研究这些资料，形成自己的理解和判断，为后面的设计工作奠定坚实的基础。

（二）准确恰当的定位

公园设计定位不一样，其设计的主题、内容、功能、服务对象以及设计形式也就不同。通常情况下，在设计师接到项目之前，该项目在城市规划中已确定了其基本性质，比如说该公园究竟是综合性市民公园、风景名胜园，还是儿童公园、动物园，性质不同，设计的定位和方式当然也会不一样。设计师对项目的定位会受当地相关法规要求的限制和影响，但这并不是说设计师没有主动权；相反，该公园最终会在城市环境中处于什么样的位置，扮演怎样的角色，产生多大的社会效益和影响力，在同类公园中如何保证自己独有的特色，在很大程度上跟设计师个人的理解、修养与创造能力有关。

（三）精巧的立意与构思

在进行具体图纸设计之前，很重要的一步是确定立意与构思。立意与构思可以说是任何艺术创造的第一步，并贯穿艺术创作整个过程，影响艺术品或设计作品的最终效果。在公园设计中，立意就是指整个设计的主题思想，而构思则是立意的延续，是在主题思想确定之后更具体化的工作总原则，用来指导设计工作的进行。

（四）合理的规划布局

公园的布局规划要全面考虑、整体协调，处理好公园与城市环境间的关系，合理安排公园各个功能空间和组成部分的位置、关系。整体布局规划包括公园出入口位置的确定，各功能空间和各景观元素的规划布局等方面的内容。

（五）尊重人的行为习惯

公园的服务主体是人，在进行设计时，必须充分考虑人的行为习惯，满足人的心理需求。例如，基于生理构造的原因，人在闲散无目的的状态下散步会习惯性左转，这可能会影响公园道路的方向、流线设计。再如，人在行走过程中有求近心理，因此常常看到一些草地边角处被人踩踏出一条小路，设计时应注意避免这种情况。同时，人都有从众心理，如果公园中某一区域人群集中，会吸引更多人的关注，作为设计师应考虑采用适当的方式进行合理的引导。如果需要吸引人群，则要从场地大小、景点的趣味性等方面考虑。当然，人与人之间还存在着一定的社交距离，设计师应以此为参照来确定空间场地、设施的尺度等。

第四节　居住区景观设计

居住是人类基本的生存需求，也是人类最主要的一项生活构成和行为内容。随着人们生活水平的提高，人们对居所的观念也发生了很大的转变，外部环境的好坏已经成为人们选择居住区的一个重要标准。

一、居住区概述

居住区通俗上来讲，就是人们生活中的住宅小区，是人们休息调整状态的场所。居住区是人们一切行为活动进行的基础。人们在经过一天的紧张劳动后都要回归到自己舒心的居住区中休息，补充体力。因此，居住区的规划是否合理，小区内的设施是否完善，小区的安全与应急措施是否到位都影响着人们居住的心情。所以，居住区的景观设计十分重要。

（一）居住区规模

我国的居住区共分为以下三个等级：居住区、小区和组团。其中，居住区规模为10 000～16 000户，人口为30 000～50 000人；小区规模为3 000～5 000户，人口为10 000～15 000人；组团规模为300～1 000户，人口在1 000～3 000人。

（二）居住区的用地组成

居住区用地包括住宅用地、公共服务设施用地、道路用地和公共绿地。

1. 住宅用地

住宅用地是指建筑基地占有的用地及其周围合理间距内的用地，其中包括通向住宅建筑入口的道路、宅旁绿地、储物间等。

2. 公共服务设施用地

公共服务设施用地通常称为公建用地，是指居住区内为居民服务的各类公共设施建筑占用的土地，包括活动广场、健身运动场、社区活动中心、停车场等。

3. 道路用地

道路用地是指居住区范围内的各类道路占用的土地。

4. 公共绿地

公共绿地是指满足规定的日照要求、适合安排游憩活动设施的供居民共享的集中绿地，包括居住区公园、小游园、儿童活动场地等。公共绿地既装饰了居住区环境使其亲切而富有生气，又为居民提供了观赏、交流、活动的理想环境。

二、居住区景观的设计原则

（一）与生态发展相和谐的原则

居住区景观设计的目的之一就是改善和保护生态环境。因此，居住区景观设计应与生态发展相协调。这主要包括两个方面的内容：一是指规划、设计、施工过程中的生态化要求，尽量做到因地制宜，节约资源、能源、材料等，减少污染，避免破坏自然环境，还应充分考虑生态环保材料的选择和可再生能源的利用，使居住区景观尽可能达到绿色环保的要求；二是指居住区景观环境应该是一个自然生态的绿色空间，设计师要充分利用新技术，营造舒适的小区环境小气候，加强居住区环境的自然通风采光能力，建立和完善小区内供水排水、供热取暖、垃圾处理等系统，营造环境优美、生态优良的小区空间。

（二）与人的自身需求相吻合的原则

居住区景观设计是为居民服务的，为居民提供生态和谐、舒适宜人的居住环境应是景观设计师的追求。因此，进行居住区景观规划设计时必须研究小区居民这个“主体”的需求，满足居民的心理需求和使用要求，营造舒适安逸、安全温馨、具有归属感的居住环境。居住区中各个空间、要素的设计要适应不同住户的使用要求，针对不同年龄群体的住户提供相应活动空间。功能分区应注重动、静分区，为居民提供便捷路线的同时不干扰居民的正常生活和休息。在植物的选择上，应少用带刺植物，禁用有毒植物，低层住户房前房后绿地应该起到规避视线和噪声干扰的作用，同时不影响通风采光。

（三）与城市历史文化相融合的原则

居住区景观设计要把握当地的历史文化脉络，注重人文环境的创造。我国地域辽阔，不同的地域有着不同的地理条件、气候条件和文化风俗。进行居住区景观设计时，要把握住当地的地域特色，营造出富有地方特色的景观环境。例如，“碧水蓝天白墙红瓦”体现了青岛滨海城市的特色，“小桥流水”则是苏州江南水乡的韵致。

三、居住区景观的设计要点

居住区的景观设计应注意居住和景观之间的整体性，以及居住区景观的实用性、艺术性和趣味性。设计时，应注意以下几点：

（一）丰富的户外活动场地

小区户外活动场地主要包括中心广场、休闲娱乐场地、健身运动场地以及儿童和老人活动场地。

1. 中心广场

居住区中心广场是居民活动交往的中心空间，通常位于较开阔宽敞的地带，其功能在于突出小区特色，会集小区居民，增进邻里感情，展现小区文化，形成氛围良好的社区环境。中心广场既要能够为较大型集中的居民活动提供集散场地，又要对空间合理分区以满足小群体、个体交往活动的需求。

2. 娱乐休闲场地

娱乐休闲场地的规模比中心广场小，一般分散布置在居住区中，为场地周围的住户提供休闲娱乐场所。休闲娱乐场地可以为居民的体育健身活动设置相应设施，也可以结合喷泉、林地、树阵、构筑物、草地、景墙等休闲景观项目，使居民既有休闲活动空间，也有美景可观赏。

3. 健身运动场地

健身运动场地应考虑设置在居民能够就近使用又不会扰民的区域，为保证活动人群的安全，场地中不允许有车辆穿越。

4. 儿童和老人活动场地

儿童与老人是小区活动人群的主体，是在小区中活动时间最长的人群，因此，通常需要为他们设置相对独立、安全、方便的空间。

儿童活动场地的设置应注意以下几点：一是场地要开敞，视线通透，便于监护人照应看管；二是要与主要交通路线间隔一定距离，以保证儿童的绝对安全：三是地面铺装要采用柔软材质，如草皮、沙地、地垫等；四是植物要选择无刺、无毒、无刺激性气味的，低矮灌木要修剪整齐，以免划伤儿童：五是活动设施要丰富，趣味性要强，常见的活动设施有滑梯、秋千、水池、沙坑、滑板场、迷宫、攀爬墙等。

老人活动场地的设置应注意以下几点：一是位置选择，可以靠近儿童活动场地，也可设置在相对安静的场所；二是要设置一定量的休息设施，如桌子、板凳、棚架等；三是开辟适合老人的专门活动场地，如健身步道、晨练小广场等，并设置适合老年人健身的设施和健身器材。

（二）合理的道路规划

道路是居住区的构成框架，具有疏导交通、组织空间等功能，同时也是构成居住区景观的一道亮丽风景线。居住区道路是居住区景观设计中的重要内容，道路设计要方便居民出入，满足居住区内消防需要，做到安全、方便、通达，对低层住户无干扰和人车分流不冲突。居住区的道路有主要车行道、主要人行道、宅间小道、园路四种，设计时应各有侧重。

1. 主要车行道

主要车行道是居住区内的主路，连接着城市干道、小区主要出入口及其他类型的道路，道路宽 6 ～ 7 m，在一旁可以附设 1.5 ～ 2 m 的人行道。

2. 主要人行道

主要人行道用于连接居住区内的其他道路，路宽 3.5 ～ 4 m，以居民行走、散步为主，车行为次。

3. 宅间小道

宅间小道是指住宅楼之间的小路，路宽 2.5 ～ 3 m，主要用于人行通道，同时满足急救车、消防车临时通行。设计时应以多样的形式适应居民除通行之外的其他需求，如散步、健身、游玩等。

4. 园路

园路是居住区内各个景观组团的骨架，将活动场地、景点与住宅楼联系起来，并可以引导居民深入绿地景观之中。园路通常因循地形地势的变化，形态曲折蜿蜒，自然活泼，也更具趣味性。园路的宽度根据场地的规模和使用功能来确定，园路的铺装材料可选择碎石、鹅卵石、砾石、青石等。

（三）完善的绿地

绿地设计是保证居住区环境质量的重要环节。根据居住区规模和空间使用情况，可将绿地分为中心绿地、宅旁绿地、道路绿地等。

1. 中心绿地

中心绿地是指服务于整个居住区居民的集中绿地，跟小区中心广场的功能相似，有时候也可以合二为一。中心绿地的面积因居住区规模而有所不同，其位置通常位于居住区中心，以方便居民使用。中心绿地除了要有充分的绿化环境，还要提供必要的活动休息场地，设置相应的文体设施。

2. 宅旁绿地

宅旁绿地是指分布在住宅建筑物周边的绿地，是小区绿地中分布最广的一种绿地类型。宅旁绿地最接近居民，常在居民日常生活范围之内，可满足附近居民休息、邻里交往、观景等需求，并起到保护低层住户隐私的作用。宅旁绿地的布局应与建筑的朝向、高度、类型、采光、楼间距、宅旁道路等因素密切配合：植物配置在注重视觉观赏性的同时，也要考虑其功能作用，应选择不影响室内采光通风、设施维护管理、交通行走的植物种类，为居民提供冬暖夏凉、四季有景的亲近惬意的绿化空间。

3. 道路绿地

道路绿地是指小区道路两侧的绿地，一般呈线状分布在小区内，能够将各个功能空间串联起来，起到美化小区环境，减少交通噪声、灰尘，满足行人遮阳、观景需求的作用。道路绿化属于配套绿化用地，其设计的功能从属性较强。在干道上主要考虑防护和引导，需要选择生命力顽强、生态功能发达的植物物种。次级道路则需要结合道路功能和行人的行径体验进行设计，通常植被设计围绕游憩和观景，因此变化丰富，富有特色情趣。

（四）美观实用的景观小品

居住区中的景观小品包括景观构筑物、雕塑及各种服务性设施，进行设计时应兼顾美观与实用两方面的作用。景观小品的服务对象是人，在设计时应首先满足居民的行为需求、心理需求和审美观念；其次，景观小品是景观环境的一部分，景观小品的造型、色彩等应与整体环境相协调；最后，景观小品与人的接触频繁，要注意其使用的安全性及选材的耐久性。

参考文献

[1]王红英，孙欣欣，丁晗.园林景观设计[M].北京：中国轻工业出版社，2021.

[2]于晓，谭国栋，崔海珍.城市规划与园林景观设计[M].长春：吉林人民出版社，2021.

[3]肇丹丹，赵丽薇，王云平.园林景观设计与表现研究[M].北京：中国书籍出版社，2021.

[4]王占深，王伦，张艳.园林景观设计施工研究[M].长春：吉林人民出版社，2021.

[5]宋琳琳.现代园林景观设计理论与实践应用[M].北京：地质出版社，2021.

[6]胡长龙.园林树木景观设计[M].北京：化学工业出版社，2021.

[7]彭丽，关钰婷，高凤平.园林景观规划设计[M].沈阳：东北大学出版社，2021.

[8]任行芝.园林植物景观规划设计[M].北京：原子能出版社，2021.

[9]朱红霞.园林植物景观设计[M].第2版.北京：中国林业出版社，2021.

[10]王忠杰，韩炳越，马浩然.园境：中国城市规划设计研究院园林景观规划设计实践[M].北京：中国建筑工业出版社，2021.

[11]毛静一，王杰.景观公共艺术设计[M].长春：吉林人民出版社，2021.

[12]赵小芳.城市公共园林景观设计研究[M].哈尔滨：哈尔滨出版社，2020.

[13]陆娟，赖茜.景观设计与园林规划[M].延吉：延边大学出版社，2020.

[14]张文婷，王子邦.园林植物景观设计[M].西安：西安交通大学出版社，2020.

[15]张志伟，李莎.园林景观施工图设计[M].重庆：重庆大学出版社，2020.

[16]杨琬莹.园林植物景观设计新探[M].北京：北京工业大学出版社，2020.

[17]孟宪民，刘桂玲.园林景观设计[M].北京：清华大学出版社，2020.

[18]张炜，范玥，刘启泓.园林景观设计[M].北京：中国建筑工业出版社，2020.

[19]韦杰.现代城市园林景观设计与规划研究[M].长春：吉林美术出版社，2020.

[20]陈翠俊，马燕，谷涛.现代园林景观设计与林业发展[M].西安：陕西旅游出版

社，2020.

[21]李欣.基于生态环保理念的城市园林景观设计研究[M].长沙：中南大学出版社，2020.

[22]夏宜平.园林花境景观设计[M].北京：化学工业出版社，2020.

[23]张林.园林植物景观设计[M].广州：广东旅游出版社，2020.

[24]宋建成，吴银玲.园林景观设计[M].天津：天津科学技术出版社，2019.

[25]李群，裴兵，康静.园林景观设计简史[M].武汉：华中科技大学出版社，2019.

[26]朱宇林，梁芳，乔清华.现代园林景观设计现状与未来发展趋势[M].长春：东北师范大学出版社，2019.

[27]肖国栋，刘婷，王翠.园林建筑与景观设计[M].长春：吉林美术出版社，2019.

[28]彭丽.现代园林景观的规划与设计研究[M].长春：吉林科学技术出版社，2019.

[29]刘娜.传统园林对现代景观设计的影响[M].北京：北京理工大学出版社，2019.

[30]张兴春.高等院校风景园林类系列规划教材环境景观设计[M].合肥：合肥工业大学出版社，2019.

[31]刘洋，庄倩倩，李本鑫.园林景观设计[M].北京：化学工业出版社，2019.

[32]许学明，葛莉，张鸿.园林景观设计[M].长春：吉林科学技术出版社，2019.

[33]蓝颖，廖小敏.园林景观设计基础[M].长春：吉林大学出版社，2019.

[34]康志林.园林景观设计与应用研究[M].长春：吉林美术出版社，2019.

[35]张波.基于人性化视角下园林景观设计研究[M].长春：吉林美术出版社，2019.

[36]窦小敏.园林植物景观设计[M].北京：清华大学出版社，2019.